新课改·中等职业学校计算机网络技术专业教材

U0129672

动态网页技术应用

孙军辉 陈德状 石发晋 主编
姜全生 主审

清华大学出版社
北京

内容简介

本书通过创建具有交互作用的表单网页、民意调查网页、简单聊天室网页、留言板和简单的网上商店5个项目,每个项目由数个活动任务和一个项目实训组成,详细讲解了使用 Dreamweaver 和 ASP 进行动态网站设计的方法和技巧。每个任务又由任务背景、任务分析、任务实施、归纳提高、自主创新和评估组成。在每个项目中,通过 IIS 安装、配置,数据库的建立,网站和数据库的连接,把动态网页制作的方法和技巧涵盖其中,最后通过实训项目,使知识得以强化和扩展。

本书适用于计算机、电子、通信等相关专业的动态网页设计与制作课程教学,也可以作为非计算机网络专业的选修课程用书,还可供从事计算机网络建设、管理、维护等工作的技术人员以及准备参加计算机网络职业认证考试的专业技术人员参考。

图书在版编目(CIP)数据

动态网页技术应用/孙军辉,陈德状,石发晋主编. —北京:清华大学出版社,2011.4

(新课改·中等职业学校计算机网络技术专业教材)

ISBN 978-7-302-24836-1

Ⅰ.①动…　Ⅱ.①孙…②陈…③石…　Ⅲ.①动态网络—主页制作—职业高中—教材

Ⅳ.①TP393.092

中国版本图书馆 CIP 数据核字(2011)第 033156 号

责任编辑:田在儒
责任校对:袁　芳
责任印制:王秀菊

出版发行:清华大学出版社　　　　　　　　　　　地　　　址:北京清华大学学研大厦 A 座
　　　　　http://www.tup.com.cn　　　　　　邮　　　编:100084
　　　社　　总　　机:010-62770175　　　　邮　　　购:010-62786544
　　　投稿与读者服务:010-62776969,c-service@tup.tsinghua.edu.cn
　　　质　量　反　馈:010-62772015,zhiliang@tup.tsinghua.edu.cn

印　装　者:北京国马印刷厂
经　　　销:全国新华书店
开　　　本:185×260　　　印　　张:11.5　　　字　　数:276 千字
版　　　次:2011 年 4 月第 1 版　　　印　　次:2011 年 4 月第 1 次印刷
印　　　数:1~3000
定　　　价:22.00 元

产品编号:035335-01

前　言

随着 Internet 的迅猛发展,动态网站建设成为互联网领域的一门重要技术,掌握这门技术首先要掌握一种网页开发工具(例如 Dreamweaver),了解 ASP 的相关知识。本书以 Dreamweaver 为例,采用任务驱动和项目教学相结合的方法编写,通过几个常见项目的制作,让学生零距离接触所学知识,拓展学生的职业技能。力求以浅显的语言和丰富的实例提高学生的学习兴趣,并充分突出培养学生的动手能力和实践能力,努力实现中职人才培养的目标。

本教材适用于中等职业学校计算机及相关专业,在教学内容的编排上,着重提高学生的动手能力。

目 录

CONTENTS

项目一

创建具有交互作用的表单网页
——网站注册登录

职业情景描述

　　随着网络的迅猛发展，人们的生活方式也发生了很大的改变，网上学习、网上购物、网上聊天等，都已经深入人们的生活。这些功能都需要借助于服务器后台强大的数据库来实现，这就是动态网页技术。而很多系统需要浏览者登录之后才允许访问或进行其他操作，比如我们要进入论坛时、使用信箱时，都需要先登录，如果没有账号，就需要先进行注册。可见登录注册模块用途十分广泛，也非常重要。

　　通过本项目的制作，将学习到以下内容。

- Web 服务器设置及在 Dreamweaver 中规划站点，创建相应站点文件夹；
- 建立 ASP 运行环境（安装、设置 IIS）；
- 学习 Access 数据库的建立；
- 在 Dreamweaver 中建立数据库连接；
- 创建简单表单网页的方法；
- 显示数据库记录；
- 修改数据库记录；
- 删除数据库记录；
- 防止重名和限制访问。

活动任务一　IIS 服务器配置（建立 ASP 运行环境）

任务背景

　　目前网站的服务器一般安装在 Windows NT、Windows 2000 Server 或 Windows XP 操作系统中，这 3 种系统中必须安装有 IIS 才能运行动态网站。

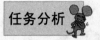任务分析

IIS(Internet Information Server,互联网信息服务)是 Windows 提供的 Internet 服务的核心。IIS 不需要开发人员学习新的脚本语言或者编译应用程序,IIS 完全支持 VBScript、JavaScript,它使得在网络(包括互联网和局域网)上发布信息成了一件很容易的事。

利用 IIS 能够建立一套集成的服务器服务,用来支持 HTTP、FTP 和 SMTP,它能够提供快速的集成了现有产品的可扩展的 Internet 服务器。IIS 服务器其实是微软管理控制台(MMC)的延伸,通过它可以管理 Web 服务器、FTP 服务器和 SMTP 服务器,它对系统资源的占有非常少,安装、配置和管理都非常简单。

任务实施

一、IIS 的安装

(1) 单击"开始"菜单,打开"控制面板",双击其中的"添加/删除程序"选项,打开"添加或删除程序"对话框,如图 1.1 所示。

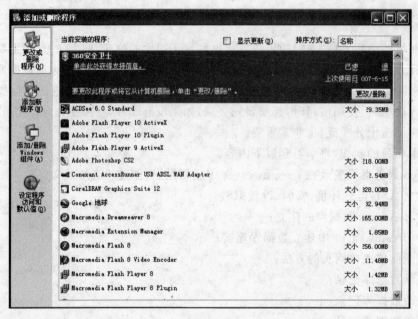

图　1.1

(2) 单击"添加/删除 Windows 组件"选项,打开"Windows 组件向导"对话框,如图 1.2 所示,选中"Internet 信息服务(IIS)"复选框,单击"下一步"按钮,"Windows 组件向导"显示"正在配置组件",如图 1.3 所示。

(3) 进度完成后,出现如图 1.4 所示窗口,单击"完成"按钮,关闭"添加或删除程序"窗口,即可完成 IIS 组件的添加。用这种方法添加的 IIS 组件中将包括 Web、FTP、NNTP 和 SMTP 四项服务。

当 IIS 添加成功之后,计算机系统有两处明显变化:一是系统盘符下会出现一个特殊的

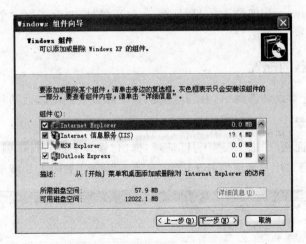

图　1.2

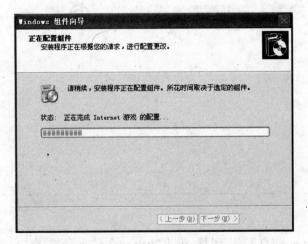

图　1.3

图　1.4

文件夹 Inetpub\wwwroot,即站点主目录;另一个是在"控制面板"的"管理工具"窗口中出现"Internet 信息服务"组件图标。

二、IIS 服务器的配置

要在 IIS 中运行本地动态网站,有创建虚拟目录和设置网站属性两种方法。

1. 创建虚拟目录

(1) 单击"控制面板"中的"管理工具"选项,弹出"管理工具"窗口,因为已经安装了 IIS,所以在"管理工具"窗口中显示有"Internet 信息服务"图标,如图 1.5 所示。

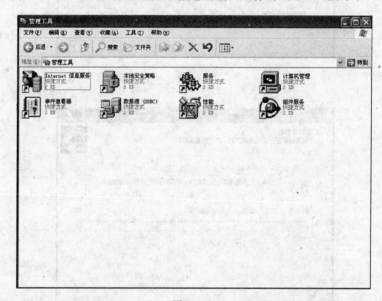

图 1.5

(2) 双击"Internet 信息服务"图标,弹出"Internet 信息服务"窗口,如图 1.6 所示。

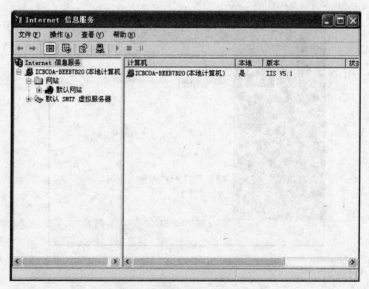

图 1.6

(3) 选定"默认网站"选项（如果没有显示"默认网站"，则单击各文件夹前面的"＋"，将文件夹全部展开），右击，在快捷菜单中选择"新建"→"虚拟目录"选项，如图 1.7 所示，弹出"虚拟目录创建向导"对话框，如图 1.8 所示。

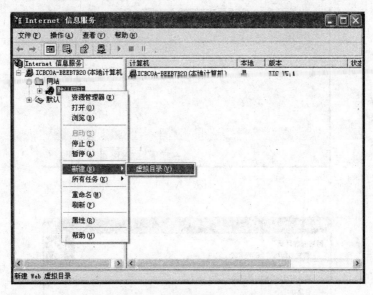

图 1.7

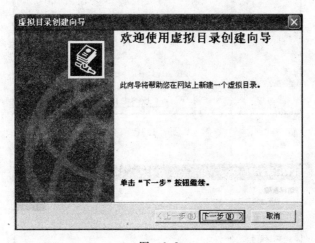

图 1.8

(4) 单击"下一步"按钮，在"别名"文本框中输入要新建的虚拟目标的别名例如 zhuce，如图 1.9 所示。

(5) 单击"下一步"按钮，在"目录"文本框中输入虚拟目录所对应的本地路径，也可以通过文本框右边的"浏览"按钮来选择一个本地目录，如图 1.10 所示。

(6) 单击"下一步"按钮，选中"读取"和"运行脚本（如 ASP）"复选框即可，如图 1.11 所示。

(7) 单击"下一步"按钮，"虚拟目录创建向导"窗口提示"已成功完成虚拟目录创建向导"，单击"完成"按钮即可，如图 1.12 所示。然后在 IE 地址栏里输入 http://127.0.0.1/

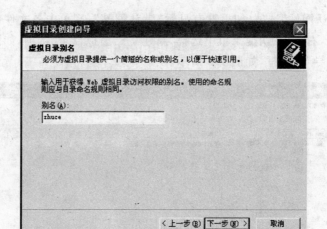

图 1.9

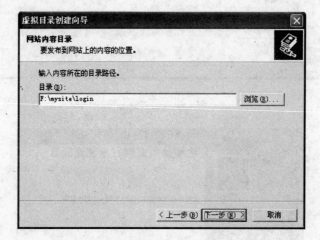

图 1.10

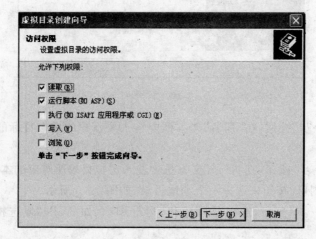

图 1.11

zhuce，按 Enter 键，就可在 IIS 中直接运行所对应本地目录的 ASP 文件了。

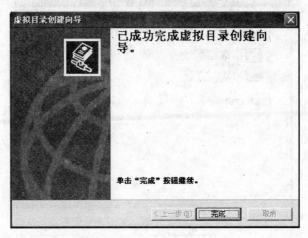

图 1.12

注意：希望在虚拟目录中运行动态网页，先在"默认网站"的下一级文件夹中选中该虚拟目录，在右边的显示窗口中选择 ASP 文件，右击，在快捷菜单中选择"浏览"选项即可。

2. 设置网站属性（设置站点）

在 Dreamweaver 中建立站点后，才能使用 Dreamweaver 强大的 ASP 功能。

（1）同创建虚拟目录一样，需要打开"Internet 信息服务"窗口。

（2）选定"默认网站"选项（如果没有显示"默认网站"，则单击各文件夹前面的"＋"，将文件夹全部展开），右击，在快捷菜单中选择"属性"选项，弹出"默认网站 属性"对话框，单击"主目录"标签，如图 1.13 所示，设置本地路径，选中"读取"和"写入"复选框。

图 1.13

（3）单击"文档"标签，通过"添加"按钮设置默认文档类型。如图 1.14 所示，单击"确定"按钮就完成了网站的属性设置。通常情况下设置为 index.asp、index.htm、Default.asp、

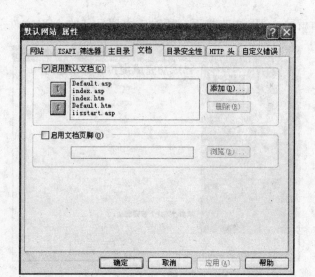

图 1.14

Default. htm、iisstart. asp。

(4) 在 IE 地址栏里输入 http://127.0.0.1/index. asp 或者 http://localhost/index
.asp,按 Enter 键,就可打开站点了。

一、静态网页与动态网页

很多朋友不明白什么是静态网页,什么是动态网页。

静态网页是相对于动态网页而言,是指没有后台数据库、不含程序和不可交互的网页。
静态网页更新起来比较麻烦,适用于一般更新较少的展示型网站。

动态网页的最大特征是信息交互。比如你是网站的站长,你可以在后台发布信息,浏览
者看到信息后可以在你的网站上给你留言、与你交流,这就是交互。

动态网页的一般特点简要归纳如下:

(1) 动态网页以数据库技术为基础,可以大大降低网站维护的工作量;

(2) 采用动态网页技术的网站可以实现更多的功能,如用户注册、用户登录、在线调查、
用户管理、订单管理等;

(3) 动态网页实际上并不是独立存在于服务器上的网页文件,只有当用户请求时服务
器才返回一个完整的网页。

程序是否在服务器端运行,是区分动态网页和静态网页的重要标志。在服务器端运行
的程序、网页、组件,属于动态网页,它们会随不同客户、不同时间,返回不同的网页,例如
ASP、PHP、JSP、ASP. NET、CGI 等。运行于客户端的程序、网页、插件、组件,属于静态网
页,例如 HTML 页、Flash、JavaScript、VBScript 等,它们是永远不变的。

二、什么是主目录

我们的计算机中有很多文件夹,其他的计算机访问这台服务器时,到哪里找我们的网页

呢？我们把存放网页的文件夹设为主目录。

到主目录中访问哪个页面呢？这就是在"文档"中要定义的：添加 index. asp,将其移动到最上方,这就是说,访问这个网址的时候,首先打开这个页面。

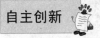

自主创新

通过 IIS 服务器可以随时控制 Web 站点的启动、暂停或停止,这些管理工作的操作方法非常简单,请大家动手尝试。

评估

活动任务一评估表

	活动任务一评估细则	自评	教师评
1	IIS 安装情况		
2	IIS 服务器的配置情况		
3	IIS 的管理情况		
	活动任务综合评估		

活动任务二　表单网页的数据库设计和数据库连接

任务背景

如果打算在网络应用程序中使用数据库,就需要创建一个数据库和数据库连接。没有数据库连接,应用程序将不知道在什么地方找到数据库或怎么和数据库连接。

任务分析

数据库的设计在动态网页中非常重要,在进行详细需求分析后,就应该对数据库分析设计了,了解数据库需要用到哪些表,表中应存储哪些内容以及各表之间的关系。在新用户注册信息处理中,是将浏览者填写的用户名、密码等信息存储到数据库中,据上分析,本登录注册模块只需一个数据库表即可。该表所需字段有：用户名、密码、性别、电话、邮箱、注册时间等。

任务实施

一、建立数据库

(1) 启动 Microsoft Access 2003,出现如图 1.15 所示的界面。

(2) 单击"文件"→"新建"选项,调出"新建文件"任务窗格,如图 1.16 所示,单击右侧任务窗格中的"空数据库"选项,出现如图 1.17 所示的"文件新建数据库"界面,在"保存位置"下拉列表中选择 F:\mysite\login 文件夹,单击右边的"新建文件夹"按钮,新建一个文件夹,命名为 data,然后在 data 文件夹中创建一个. mdb 数据库文件,"文件名"为 user. mdb,

单击"创建"按钮,进入如图 1.18 所示的界面。

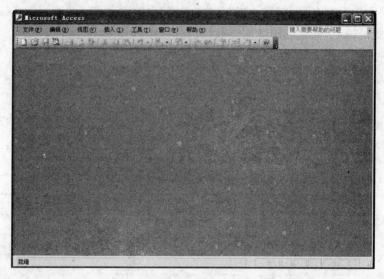

图　1.15

图　1.16

图　1.17

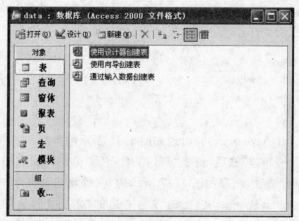

图　1.18

（3）双击"使用设计器创建表"选项，出现如图 1.19 所示的界面，在表 1 中，单击"字段名称"下的单元格，输入 ID（大小写不限）；单击"数据类型"下的单元格，再单击单元格右侧的下三角按钮，在下拉列表中选择"自动编号"选项，在下方的"字段属性"面板里，将索引值设为"有（无重复）"，同样，按照用户表 1.1 所示设置各字段名称和类型。

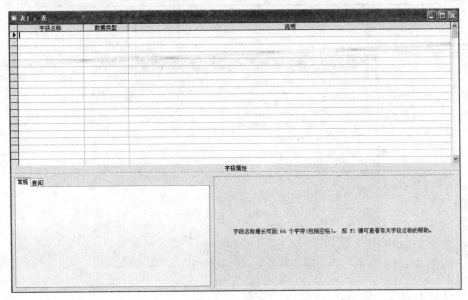

图　1.19

表 1.1　用户表的字段结构及说明

字段名称	字段类型	说　　明
ID	自动编号	设为主键
name	文本	用户名
pass	文本	密码
xb	文本	性别
tel	文本	电话
ip	文本	用户 IP 地址
email	是/否	是否接受本站的 E-mail
time	日期/时间	用户注册时间

说明：ID 的字段属性的索引项选择"有（无重复）"；email 的字段类型为"是/否"；time 字段类型为"日期/时间"，在字段属性的"默认值"中输入"now()"，也就是注册的时间。

（4）单击"文件"菜单中的"保存"选项，出现"另存为"对话框，在"表名称"文本框中输入"user"，单击"确定"按钮，出现提示对话框要求设置主键，如图 1.20 所示。

（5）单击"是"按钮，由系统自动设置主键。这样就建好了登录注册模块中所需要的数据库，单击"关闭"按钮，关闭该表，出现如图 1.21 所示界面。

（6）双击 user 选项，打开表，如图 1.22 所示，观察一下字段，发现系统已经给 time 字段填好了值，是当前时间。假如通过网页进行注册，也就是在 user 表中插入一条记录，系统会根据注册的时间，自动插入时间，这样在页面上就不用单独设置一个收集时间的选项。

图　1.20

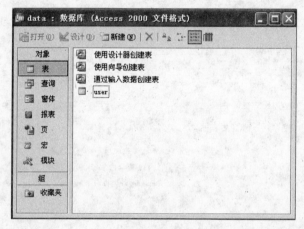

图　1.21

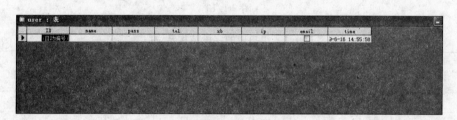

图　1.22

　　提示：如果要修改数据表结构，可以单击"视图"按钮切换到"设计"视图下进行修改，如图 1.23 所示。对于设为主键的字段，也可以通过"小钥匙"图标看出。

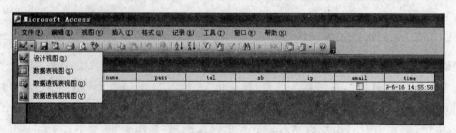

图　1.23

二、Dreamweaver 和数据库连接

（1）启动 Dreamweaver，新建一个空白文档，如图 1.24 所示，在右侧的"文件"面板中可

以看到 data 目录下的 data.mdb 数据库,现在将 Dreamweaver 和数据库连接起来。

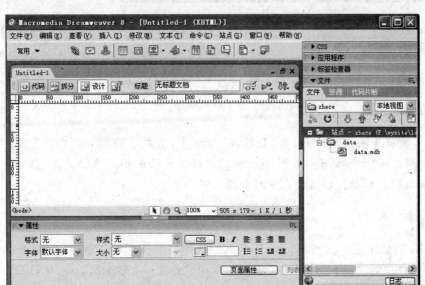

图　1.24

　　(2) 打开"应用程序"卷展栏中的"数据库"面板,单击"＋"按钮,在下拉列表中,有两种建立数据库连接的方法,如图 1.25 所示,这里选择"自定义连接字符串"选项。

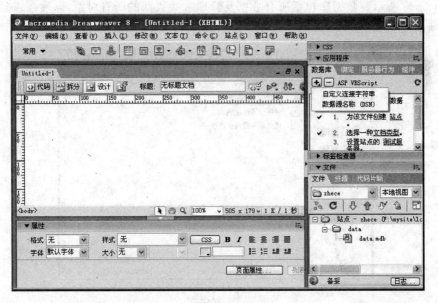

图　1.25

　　(3) 打开如图 1.26 所示的"自定义连接字符串"对话框,在"连接名称"文本框中输入conn,在"连接字符串"文本框中输入:"Driver＝{Microsoft Access Driver(＊.mdb)};Uid＝;Pwd＝;DBQ＝"＆Server.Mappath("/data/data.mdb"),然后选中"使用测试服务器上的驱动程序"单选按钮,单击"测试"按钮,看是否测试成功。

　　(4) 如果测试成功,显示如图 1.27 所示界面,表示 Dreamweaver 和数据库连接成功。

图　1.26　　　　　　　　　　　　　　　　　　　　图　1.27

提示：数据库连接成功后，在"数据库"面板中，依次单击"conn"前的"＋"，"表"前的"＋"，"user"前的"＋"，就可以看到 user 中的字段。如果在 user 表上右击，在快捷菜单中选择"查看数据"选项，就可以看到表中的数据。

 归纳提高

Access 数据库是一款 Windows 环境下的桌面型数据库管理软件，是 Microsoft Office 系列办公软件中的一员，也是日常工作中的常用软件之一，安装 Microsoft Office 系列软件时默认将安装此软件。

Access 功能完善，能够满足专业开发人员的需要，使用简单，使用者不需要具备专业的计算机技术和数据库知识，就可以很方便地设计、创建数据库。

Access 数据库是一个应用程序，它有 7 个对象，包括表、查询、窗体、报表、页、宏和模块，如图 1.28 所示。数据库包括所有数据及管理这些数据的所有对象，创建新表时，并不需要创建新的数据库。

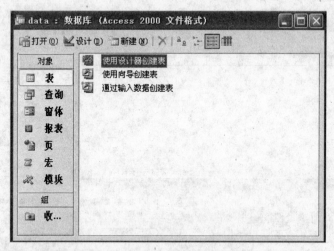

图　1.28

1. Access 2003 基本数据类型

任何一种数据库中，其字段都有相应的数据类型，不同的字段内容应选择不同的数据类型。Access 2003 所支持的数据类型有如下 10 种。

- 文本：用于保存文本、数字和字符等，如用户名、姓名、地址、邮政编码、电话号码、传真号码和 E-mail 地址等，最大字符数为 255。

- 备注：可以用于保存比较多的文本，只是空间更大，最大支持字段长度为 64KB。一般存储自我介绍、说明等。
- 数字：存储数值型数据，如帖子浏览次数，字段长度为 1~8bit。
- 日期/时间：存储日期及时间等数据，如生日、帖子发表时间等，字符长度为 8bit。
- 货币：存储货币型数据，如产品价格、总额等。
- 自动编号：字段长度为 4bit，用来做计数的主键值，当该表每增加一条记录时，会自动加 1，一般用于每个表中的 ID 字段。
- 是/否：字段长度为 1bit，其值只允许输入"是"和"否"的字段，如是否是正式会员、信息是否阅读等。
- OLE 对象：字段长度为 1GB，保存图片等数据，如会员照片、帖子附件内容等。
- 超链接：用来跳往另一个数据库或者 Internet 上的 URL 等。
- 查阅向导：自动化助手，用来建立一个字段查阅列表中的值。

在实际设计中，存储电话号码时，一般不用数字类型，而采用文本类型，这样就可以不限制电话号码的格式，使像"0532-××××××××"这种格式的电话号码同样能正常保存。

2. 数据库工具栏

数据库工具栏如图 1.29 所示。

图　1.29

这个工具栏中的一些按钮与 Word 等软件的工具栏中按钮的作用类似，还有一些没有介绍过的工具按钮，如"视图"按钮，可实现在"'数据表'视图"和"设计视图"之间切换。

3. 主键

主键通常是由一个字段所组成，该字段可唯一决定表中的一条记录，也就是说，成为主键的字段，其内容值不可重复出现在第 2 条记录中。

将某个字段设置为主键，该字段必须满足下面两个条件。

- 该字段内容不能为空；
- 该字段内容不能重复出现。

主键的设置方法很简单，如果一个表中没有设置主键，则保存该表时，会弹出如图 1.30 所示的提示。当一个字段被设为主键后，在字段数值左侧出现"小钥匙"图标。

图　1.30

主键的删除也很简单，选中要删除主键的字段，右击，在快捷菜单中选择"主键"选项即可。

4. Dreamweaver 和数据库连接的字符串的含义

"Driver＝{Microsoft Access Driver（＊.mdb）}；表示在测试服务器上使用的驱动程序；Uid＝;Pwd＝;表示被访问数据库的用户名和密码；DBQ＝" ＆ Server. Mappath("/data/data.mdb")表示数据库在服务器上的位置。

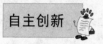

在 Dreamweaver 中连接数据库有两种方式：自定义连接字符串和数据源名称（DSN），尝试用"数据源名称（DSN）"方法连接数据库。

活动任务二评估表

	活动任务二评估细则	自评	教师评
1	数据库分析设计		
2	数据库的建立		
3	自定义连接字符串连接数据库		
4	数据源名称（DSN）连接数据库		
	活动任务综合评估		

活动任务三　建立注册页面（插入记录）

登录注册模块主要包含两部分，一部分是用户登录信息的判定；另一部分是新用户注册的处理，除此之外，还有一些其他辅助功能。根据注册页面的制作方法，还可以来做诸如数据的收集、意见的提交、评论的发表等页面。

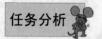

建立注册页面，把数据插入到数据库中，先建立静态部分：单击"常用"下拉菜单中的"表单"选项，插入表单，在表单中插入表格，输入内容，插入表单元素，并进行相关的设置，例如表单元素的名称。在制作插入页面之前，还应该看一下计算机的文件系统格式。

任务实施

一、查看放置站点的硬盘分区的文件系统格式

文件系统格式有两种情况：一种是 FAT32 系统格式，这种情况就不需要什么设置了；另一种是 NTFS 系统格式，如图 1.31 所示，则需要进行下面的设置。

（1）打开"我的电脑"窗口，单击"工具"菜单，选择"文件夹选项"选项，打开"文件夹选项"对话框，如图 1.32 所示。

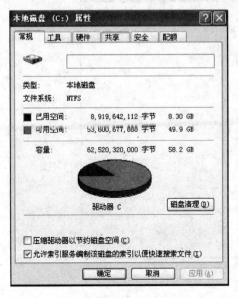
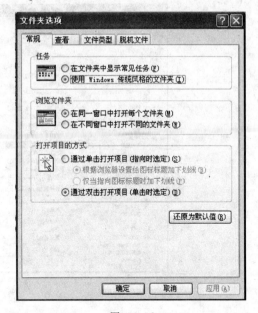

图　1.31　　　　　　　　　　　　　　　图　1.32

（2）单击"查看"标签，如图 1.33 所示，取消"使用简单文件共享（推荐）"复选框，单击"确定"按钮。

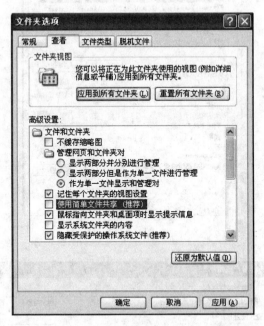

图　1.33

（3）进入网站数据库目录，找到 data 目录，右击，选择"共享和安全"选项，如图 1.34 所示。

（4）打开"data 属性"对话框，如图 1.35 所示，单击"添加"按钮。

（5）打开"选择用户或组"对话框，如图 1.36 所示，单击"高级"按钮。

图 1.34

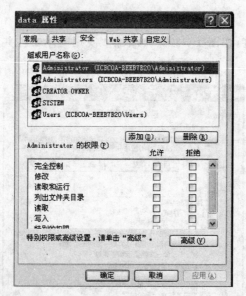

图 1.35

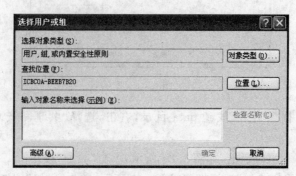

图 1.36

（6）打开"选择用户或组"高级对话框，如图 1.37 所示，单击"立即查找"按钮。

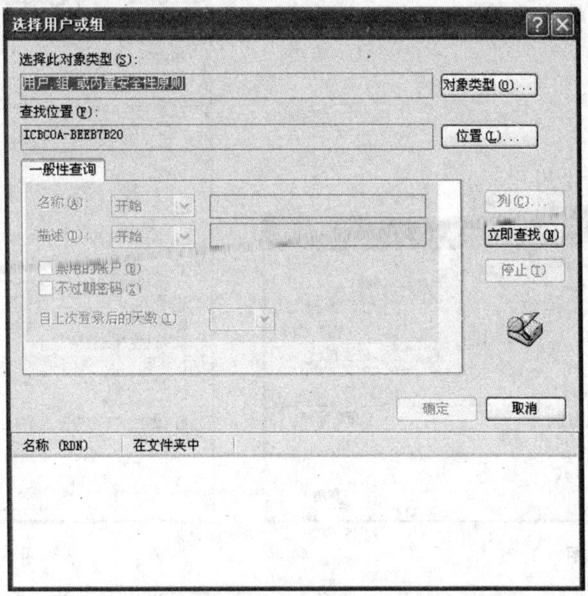

图　1.37

（7）展开"选择用户或组"高级对话框，如图 1.38 所示，从查找出来的用户或组列表中选择"IUSR_ICBC..."，单击"确定"按钮，如图 1.39 所示，再单击"确定"按钮。

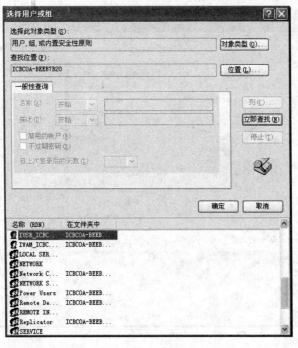

图　1.38

（8）返回"data 属性"对话框，选中"修改"选项的"允许"复选框，赋予修改权限，如图 1.40 所示。

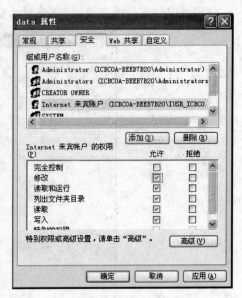

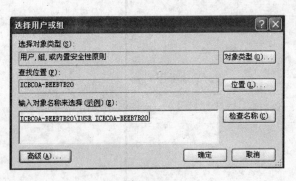

图　1.39　　　　　　　　　　　　　　　　　　图　1.40

二、创建静态部分

（1）启动 Dreamweaver 8，如图 1.41 所示，在"创建新项目"选项组中单击 ASP VBScript 选项，出现如图 1.42 所示界面。

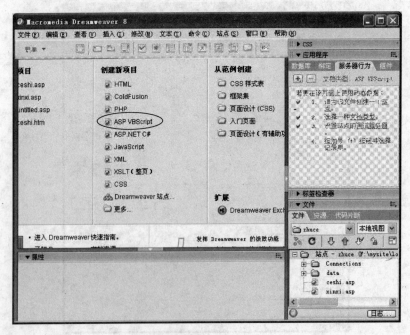

图　1.41

（2）单击工具栏中的"常用"下三角按钮，如图 1.43 所示，选择"表单"选项，打开"表单"工具栏，如图 1.44 所示。

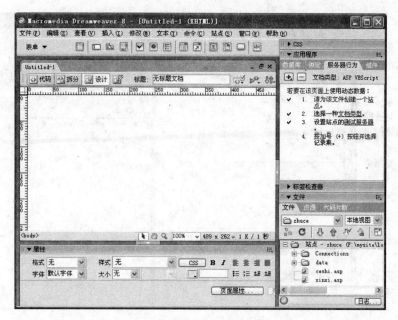

图 1.42

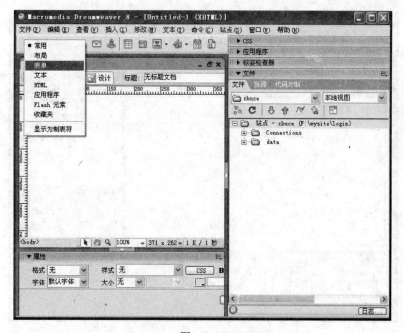

图 1.43

（3）先在页面上输入"新用户注册"。表单元素要放在一个表单域里面,先建立一个表单域,单击"表单"按钮,出现如图 1.45 所示界面。

（4）再返回到"常用"工具栏,插入大小为 6 行×2 列的表格,选中表格,在"属性"面板中进行设置,如图 1.46 所示,这里的表格宽度以及填充等都是根据需要设置的,大家也可以尝试设置不同数值,看一下结果。

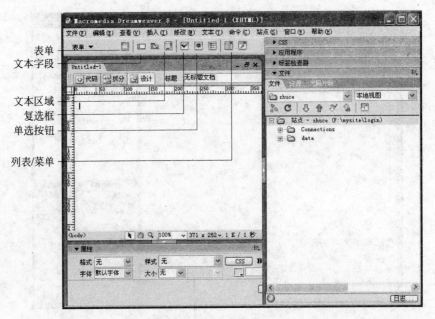

图　1.44

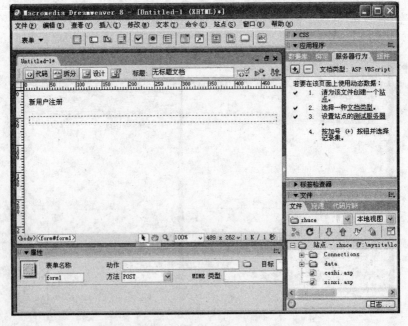

图　1.45

（5）在左列单元格中依次输入"用户名"、"密码"、"性别"、"是否愿意接受本站的 E-mail"、"电话"，如图 1.47 所示。

（6）在"用户名"后插入文本字段，"密码"后插入文本字段，"性别"后插入 2 个单选按钮，"是否愿意接受本站的 E-mail"后插入复选框，"电话"后插入文本字段，如图 1.48 所示。

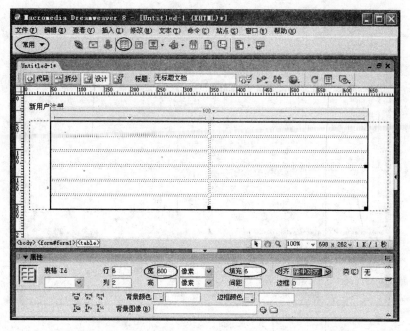

图 1.46

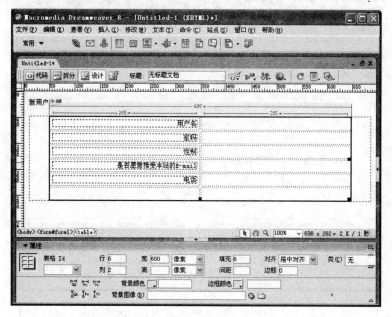

图 1.47

（7）在最后一行中插入两个按钮，选中第 2 个按钮，在"属性"面板中设置"动作"为"重设表单"，这样表单就有了提交表单按钮和重置表单按钮，如图 1.49 所示。

（8）下面对表单元素进行设置。选中"用户名"后的文本框，在"属性"面板中设置"文本域"为 name，如图 1.50 所示。同样，设置"密码"的"文本域"为 pass，"性别"后第 1 个单选按钮后插入"男"，第 2 个单选按钮后插入"女"，单击第 1 个单选按钮，将"属性"面板中的"选定

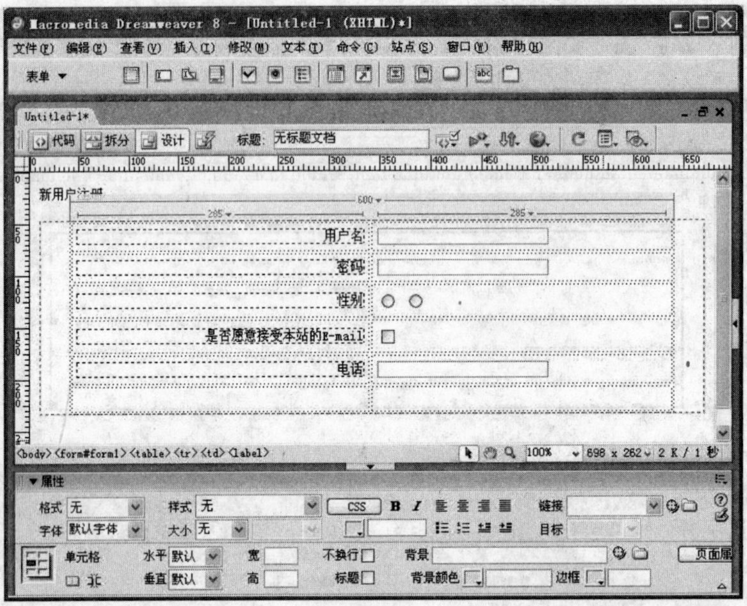

图 1.48

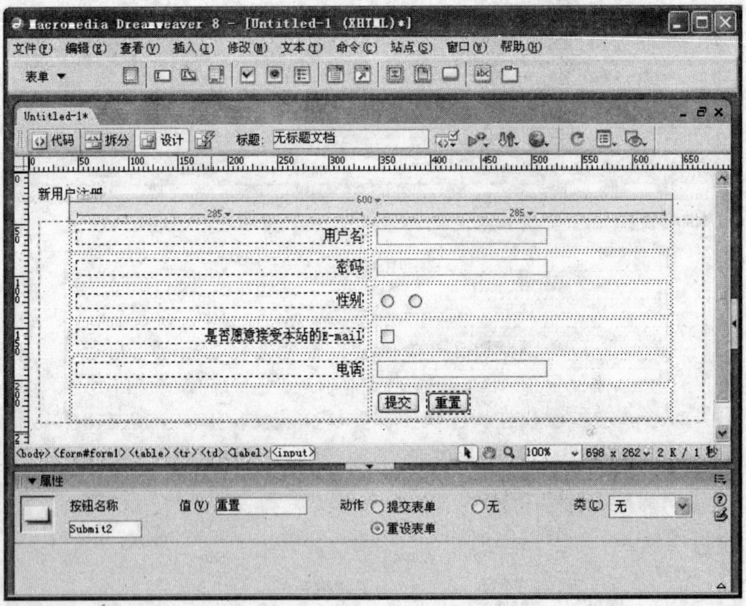

图 1.49

值"设为"男",第 2 个单选按钮的"选定值"设为"女",如图 1.51 所示。"是否愿意接受本站的E-mail"后的复选框的属性值不变,修改"电话"的"文本域"为 tel,这样静态页面就建立好了。

三、创建动态部分

(1)单击"窗口"菜单,选择"服务器行为"选项,打开"服务器行为"面板,如图 1.52所示。

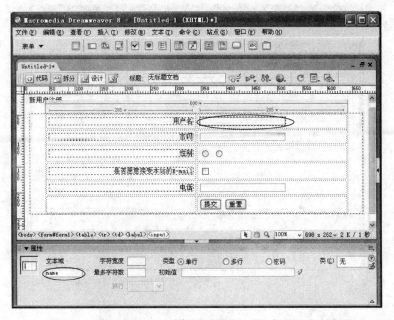

图　1.50

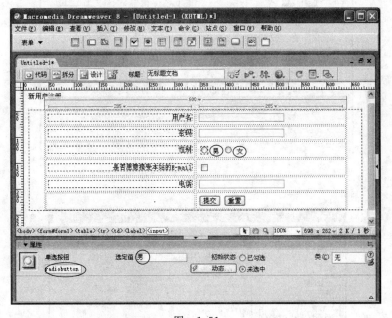

图　1.51

（2）单击"＋"按钮，选择"插入记录"选项，打开"插入记录"对话框，设置如图 1.53 所示，单击"确定"按钮。

注意：插入后，转到的页面需要建立。

（3）选中文字"新用户注册"，设置为居中对齐，字体为黑体，字号为 24，按快捷键 Ctrl＋S，保存该页面为 F：\mysite\login 下的 zhuce. asp。

（4）按快捷键 Ctrl＋N，如图 1.54 所示，单击"创建"按钮，创建一个空白文档，输入内容

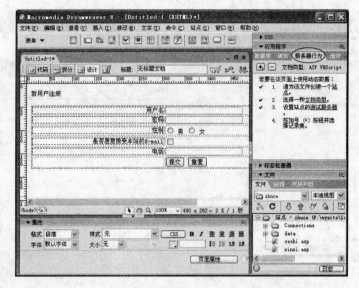

图　1.52

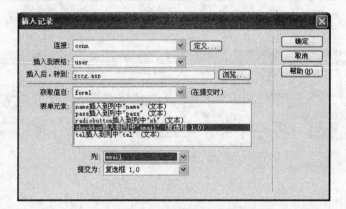

图　1.53

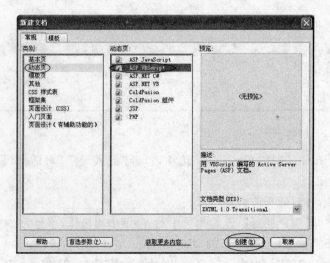

图　1.54

"恭喜注册成功!"。执行"文件"菜单中的"另存为"命令,保存该页面为 F:\mysite\login 下的 zccg.asp。

(5) 切换到 zhuce.asp,按 F12 键预览,注册一个账号,测试一下,如图 1.55 所示,注册成功会转到设置的注册成功界面。

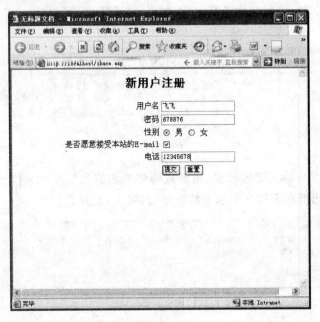

图 1.55

(6) 可以通过"数据库"面板,查看插入记录情况。方法:单击"数据库"标签,找到 user 表,右击,选择"查看数据"选项,就可以打开相关信息,看到插入的信息,如图 1.56 所示。

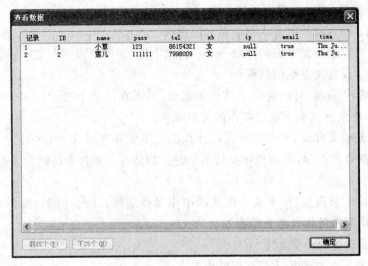

图 1.56

一、插入表单元素的方法

选择"表单"工具栏中的各种工具图标，如图 1.57 所示，可以插入文本框、按钮、复选框等表单元素。

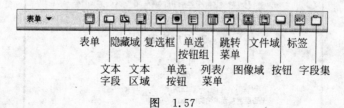

图 1.57

(1) 文本框：是可输入诸如姓名、地址或密码等内容的简单的表单元素。"文本框"包括单行文本框、密码框和多行文本域三种类型，如图 1.58 所示。

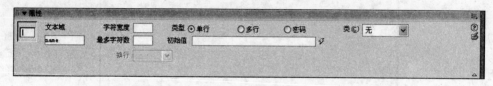

图 1.58

要修改某个文本框的外观，则选中该文本框，修改"属性"面板中的值。

- 字符宽度：文本框中最多可显示的字符数，也就是文本框的外观宽度。如，可以设置昵称文本框最多显示多少个字符。
- 最多字符数：浏览者能输入的最多字符数。如，可以设置昵称文本框的长度不超过多少个字符，超过后将不再接受输入。
- 初始值：网页打开时文本框中显示的内容。
- 类型：可以选择文本框的类型——单行文本框、密码框或多行文本域。
- 文本域：设置文本框的名称（name）。

(2) 隐藏域："隐藏字段"类似于单行文本框，但不在网页上显示出来。可以用于一些不需要显示，但在实际页面上进行操作的表单元素。

(3) 文件域："文件域"允许访问者在计算机上浏览和选择文件，然后上传该文件作为表单数据。在商业站点中，当用户在寻找某个特定物品并想要售货员确切了解其需求时，使用此字段。

(4) 复选框："复选框"用于从一组选项中作多种选择，即允许用户选择多个选项。这对想了解网站访问者的优选参数很有益。

插入一个复选框的步骤如下。

① 将插入点定位在要插入复选框的表单中。

② 单击"表单"工具栏中的"复选框"按钮，将在表单中插入复选框，同时"属性"面板显示复选框的各个属性，如图 1.59 所示。

图   1.59

③ 在"属性"面板的"复选框名称"字段中输入唯一的复选框名称。

④ 在"选定值"字段中输入复选框的值。

⑤ 在"初始状态"字段中,如果想要在表单首次加载到浏览器时复选框显示已选中,则选中"已选中"单选按钮。

(5)单选按钮:"单选按钮"只允许用户从多个选项中选择一个选项。如性别只有男性和女性,默认为男。

(6)按钮。"按钮"提供一种提交用户信息的方式。"按钮"必不可少,如果说没有它们,数据就无法送到任何地方。单击"按钮"时将执行一个动作,按钮分为三种:提交按钮、重置按钮和普通按钮。

- 提交按钮:用于提交表单信息,当用户单击提交按钮时,将用户填写的表单信息提交到服务器。
- 重置按钮:也称重设按钮或清空按钮,用于清空表单信息。当用户发现填写的信息有误时,可单击此按钮清空表单的所有信息,然后重填。
- 普通按钮:用于其他用途的按钮。如调用客户端脚本检测填写数据是否合法等。

二、密码确认

在新用户注册的时候,应该要有"用户名不能为空"、"密码不能为空"、"两次密码输入不一致,请重新输入"等相关提示,它的相关代码如下:

```
if name="" then
  msgbox("用户名不能为空")
  return false
endif
elseif psd="" then
  msgbox("密码不能为空")
  return false
endif
elseif psd<>repsd then
  msgbox("两次密码输入不一致,请重新输入")
  return false
endif
```

自主创新

根据注册页面的制作方法,设计一个数据表 news,参照图 1.60 所示来制作一个"欢迎发言"页面。可简单一些,只包括用户名、密码、主题、内容和提交按钮。

图　1.60

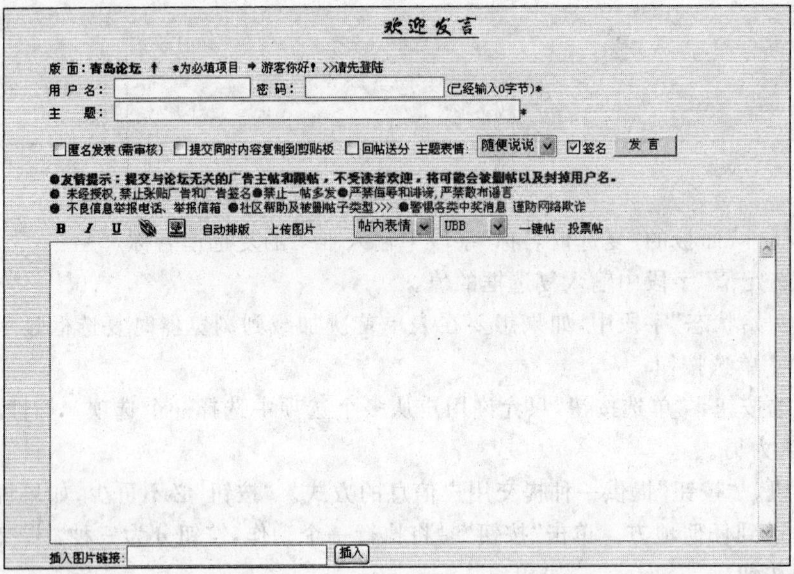

活动任务三评估表

活动任务三评估细则		自评	教师评
1	查看系统文件制式		
2	表单的设置		
3	服务器行为面板设置		
4	预览,注册		
活动任务综合评估			

活动任务四　显示数据库记录

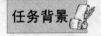

任务背景

　　有时候需要浏览留言簿的所有主题帖,或者是作为管理员,需要查看所有的用户记录,这些都要用到显示数据库记录。

任务分析

　　浏览留言簿或者是作为管理员,查看用户记录的时候,需要建立一个显示页面,一般情况下,这个显示页面的某些字段设置了超链接,单击相应的超链接,会打开该条记录相应的详细信息。

任务实施

（1）启动 Dreamweaver 8，创建新项目 ASP VBScript，保存为 F:\mysite\login 下的 xianshi.asp，这样就创建了一个 xianshi.asp 页面，输入"显示数据库记录"。

（2）单击"服务器行为"面板中的"＋"按钮，选择"记录集（查询）"选项，如图 1.61 所示，出现"记录集"对话框。

图   1.61

说明： 记录集就是一个容器，把需要的数据从数据库中取出来放进去，数据库的数据很多，把需要的筛选出来，放到记录集中，就好像买东西一样，挑选需要的，放到购物车中，记录集就是起这样一种作用。

（3）设置"记录集"对话框，如图 1.62 所示。

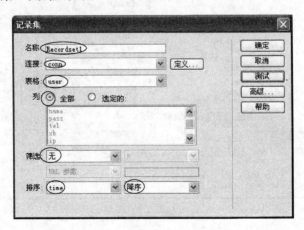

图   1.62

选定显示的列,有两种方法,一种是选中"全部"单选按钮,这时所有的列都会显示;另一种方法是选中"选定的"单选按钮,按 Ctrl 键依次选中要显示的列。

以 time 字段降序排序,也就是最新注册的用户放在最上面。单击"测试"按钮,会发现记录集里面的记录,如图 1.63 所示。单击"确定"按钮,回到"记录集"对话框,再单击"确定"按钮。现已将需要的信息都取出来放到记录集中了。

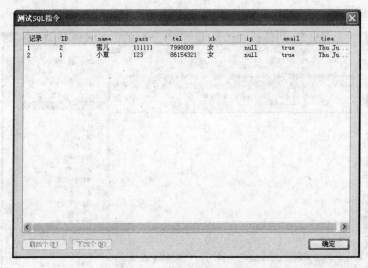

图　1.63

（4）下面单击"插入"→"应用程序对象"→"主详细页集"选项,如图 1.64 所示,打开"插入主详细页集"对话框。

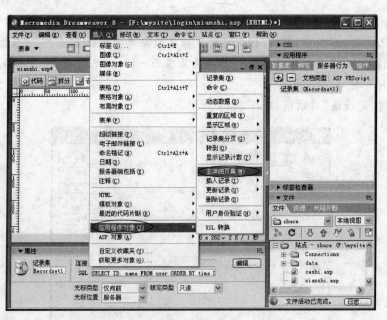

图　1.64

（5）"插入主详细页集"对话框设置如图 1.65 所示,单击"确定"按钮。

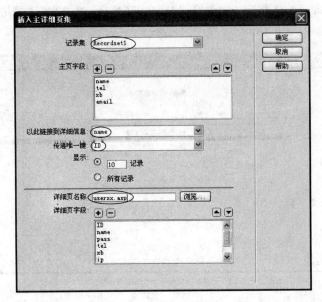

图 1.65

说明："主页字段"就是在 xianshi.asp 中显示的字段,可以通过单击"＋"、"－"按钮添加或者删除字段;"以此链接到详细信息"是设置超链接的字段,这里设为 name,也就是说单击设定的字段数值时会链接到它的详细页面,传递唯一键值：ID,详细页的名称是 userxx.asp(自动生成,不需要重新建立)。

(6) 这时 Dreamweaver 8 中存在两个页面,如图 1.66 所示,分别保存这两个页面,并作对比。

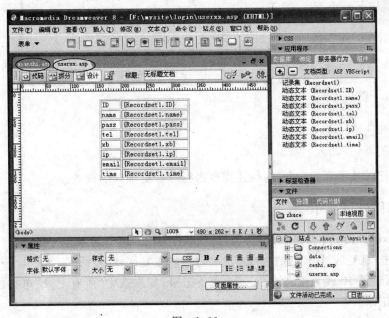

图 1.66

（7）在 xianshi.asp 中按 F12 键预览，如图 1.67 所示，单击文字"雪儿"就会跳转到雪儿的详细信息页面，如图 1.68 所示。

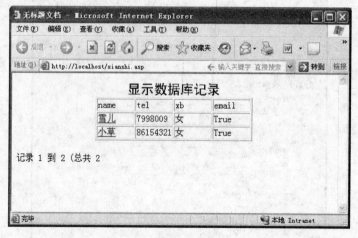

图　1.67

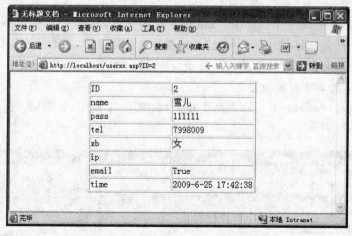

图　1.68

制作完记录显示页面后，有时候还需要进行一些更细致的设置。

一、制作分页显示

（1）在 xianshi.asp 页面中，切换到"服务器行为"面板，如图 1.69 所示。

（2）双击"重复区域（Recordset1）"选项，打开"重复区域"对话框，如图 1.70 所示，将"显示"后面的默认值 10 改为 4，则每页显示 4 条记录；如果选中"所有记录"单选按钮，则每页会显示多条记录。

（3）保存该页，按 F12 键预览，如图 1.71 所示，单击分页按钮会链接到相应的页面。

注意：分页按钮也可以通过单击"插入"→"应用程序对象"→"记录集分页"→"记录集导

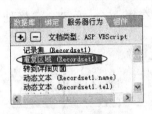

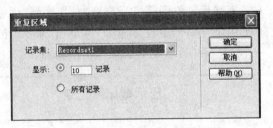

图　1.69

图　1.70

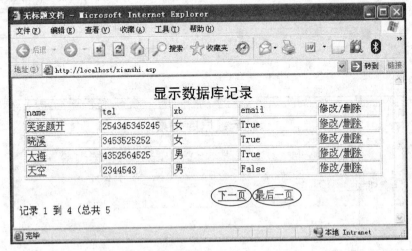

图　1.71

航条"选项设置。

二、制作显示栏的内容

制作完显示页面后,可以看到页面上不完整的显示栏,如图 1.72 所示。可以把该显示栏补充完整,也可以删掉重新制作,现在把原来的显示栏内容删除。

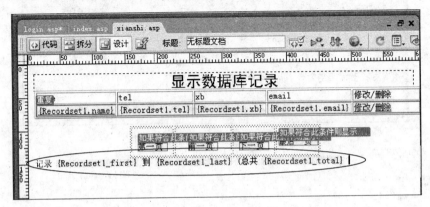

图　1.72

(1) 把光标定位到分页按钮前面,输入如图 1.73 所示的文字。

（2）把光标定位到第 1 个空格处，切换到"绑定"面板，将记录集展开，如图 1.74 所示。

（3）单击"［总记录数］"字段，再单击"插入"按钮，同样，在第 2 个、第 3 个空格处插入"第一个记录"和"最后一个记录"，结果如图 1.75 所示。

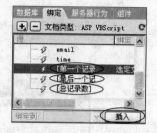

图　1.73　　　　　　　　　　　　图　1.74

图　1.75

（4）保存该页，按 F12 键预览，如图 1.76 所示。

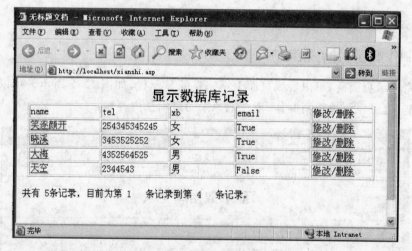

图　1.76

自主创新

建立基于表 news 的显示页面（新闻列表：标题）和详细页面（即详细新闻页面：包括标题、作者、发表时间、内容）。

活动任务四评估表

活动任务四评估细则		自评	教师评
1	记录集		
2	插入主详细页集		
3	分页、显示栏的设置		
活动任务综合评估			

活动任务五　修改数据库记录

任务背景

对于已经输入的资料,如果有不正确的地方,那么用户肯定非常希望能够直接在原有记录中进行修改,将原有记录更新。

任务分析

要修改数据库记录,首先要创建修改数据库的页面 xiugai.asp,然后在 xianshi.asp 页面中加入相应的超链接,链接到 xiugai.asp,在该页面中提交要修改的内容。

任务实施

一、建立修改页面 xiugai.asp

(1) 启动 Dreamweaver 8,创建新项目 ASP VBScript,保存为 F:\mysite\login 下的 xiugai.asp,这样就创建了一个 xiugai.asp 页面,输入"修改数据库记录"。

(2) 单击"服务器行为"面板中的"+"按钮,选择"记录集(查询)"选项,如图 1.77 所示,出现"记录集"对话框。

(3) 对"记录集"对话框进行筛选,筛选 user 表中的 ID、=、URL 参数、ID 的记录,如图 1.78 所示,单击"确定"按钮。

(4) 在页面中插入表单,在表单中输入"修改您的电话为:",接着插入一个文本框,修改"文本域"为 tel,再插入一个按钮,用于提交这个表单,如图 1.79 所示。

(5) 单击"服务器行为"面板中的"+"按钮,执行"更新记录"命令,如图 1.80 所示,在弹出的"更新记录"对话框中进行设置。

(6) 完成记录更新设置之后,保存页面。

二、设置 xianshi.asp 页的超链接

(1) 打开 xianshi.asp 页面,在后面插入一列。方法:选中最后一列,在选中的列上右

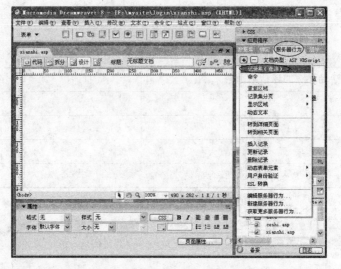

图 1.77

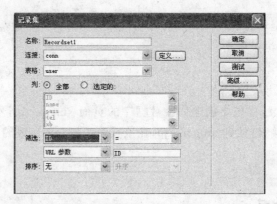

图 1.78

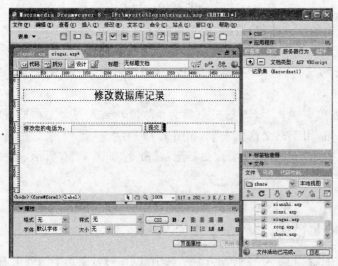

图 1.79

图 1.80

击,选择"表格"下的"插入行或列"选项,打开"插入行或列"对话框,设置如图 1.81 所示,单击"确定"按钮。在最后一列单元格中定位光标,输入"修改/删除"。

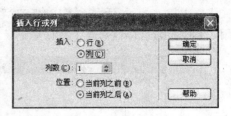

图　1.81

(2) 选中文字"修改",设置"属性"面板中的"链接",单击"链接"文本框后面的"浏览文件"按钮,打开"选择文件"对话框,如图 1.82 所示。

图　1.82

(3) 选中 xiugai.asp,单击下面的"参数"按钮,打开"参数"对话框,如图 1.83 所示,设置传递的参数名称为 id(自己输入的),值为记录集中的 ID,如图 1.84 所示,单击"确定"按钮,返回"参数"对话框,再单击"确定"按钮,保存页面。

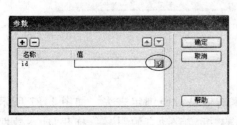

图　1.83

图　1.84

(4) 按 F12 键预览,可以看到文字"修改"上加了超链接,如图 1.85 所示,当鼠标指针指向"修改"时,状态栏左下角显示 xiugai.asp? id=2,这就是 URL 传递过来的参数。

(5) 单击文字"修改",就传递了这条记录的 ID 值为 2,说明它在数据库中的 ID 为 2,在文本框中输入新电话号码"12345678",单击"提交"按钮,可以看到新的联系方式,如图1.86所示,这样就修改了数据集记录。

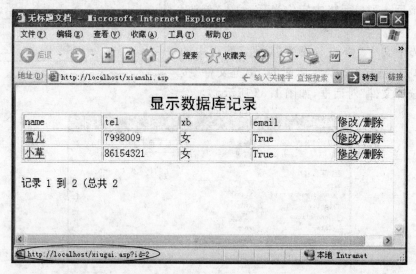

图　1.85

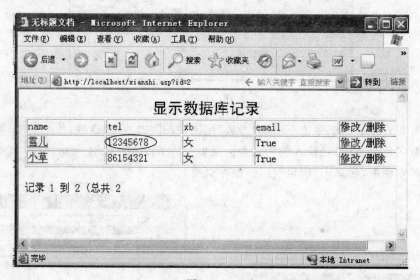

图　1.86

三、原始数据绑定

(1)在建立xiugai.asp页面时,还可以把原来的电话号码绑定进去。如图1.87所示,单击文本框,在"属性"面板中,单击"初始值"后面的"绑定到动态源"按钮,打开"动态数据"对话框,选择其中的tel字段,单击"确定"按钮。

(2)保存页面,按F12键预览。单击"修改"转到修改页面,在修改页面中已经绑定了原来的电话号码,如图1.88所示,选中号码,进行修改,单击"提交"按钮就可以了。

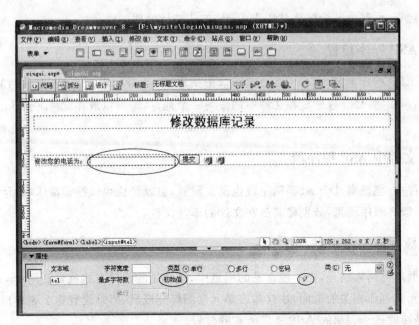

图　1.87

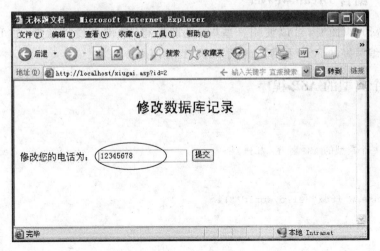

图　1.88

前面已经制作了几个页面,和以前的静态页面不同,这些页面都使用了 ASP 技术。

一、如何辨别一个 ASP 程序

辨别一个 ASP 程序的主要方式有两种:一是 ASP 程序文件必须以扩展名.asp 的方式命名;二是在这个文件中相关的 ASP 程序代码必须包含在"<%…%>"中。因为 ASP 程序可以和 HTML 标记放在同一个文件中。为了区分文件内的 ASP 程序和 HTML 标记内容,当服务器在解读扩展名为.asp 的文件时,会自动将"<%…%>"中的程序当成 ASP 程序段编译运行,而其他部分则依然以 HTML 方式进行处理。

二、ASP 程序位置

在将 ASP 程序利用"<%…%>"标示出来以后,并没有限定 ASP 程序的放置位置。简单地说,可以将 ASP 程序放在文件中的任何一个地方,即可以放在文件的开头、中间或是结尾。

三、文件中 ASP 程序段

在文件中,能拥有几个 ASP 程序段也没有限制,也就是说可以根据需求,设计两段或两段以上的 ASP 程序代码,分别将其放在文件的不同位置。

四、数据库与网页结合

将数据库与网页结合,在一般常见的网页中,最常见的设计方式就是利用 Dreamweaver 中的表单元素制作相关的页面,在这些表单元素制作完成后,必须设置这个表单的传送目的地,也就是接收这个表单的 ASP 文件所在的位置。

五、ASP 结合 Dreamweaver

在设计 ASP 页面时,可以使用一些"所见即所得"的网页设计软件,如 Dreamweaver 等,然后再将编写好的 ASP 程序嵌入到 HTML 程序中。

六、一个典型的 ASP 程序

```
<html>
<head>
<title>一个典型的 ASP 程序</title>
</head>
<body>
<%response.Write("Hello,World!")%>
</body>
</html>
```

分析:这个 ASP 程序由两部分构成,一部分是 HTML 标记语言;另一部分就是嵌入在"<%…%>"中的 ASP 程序。

提示:在 ASP 程序中,需要输出内容到页面上时,可以采用"response. Write()"方法,还有一种方法就是直接用"="。

例如:

```
<%
response.Write("Hello,World!")
%>
```

可以用下面的方法来代替。

```
<%="Hello,World!"%>
```

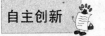

自主创新

（1）探究"更新记录表单向导"的使用方法。

（2）自己设计并建立一个修改页面,查找一下该页面的代码。

评估

活动任务五评估表

	活动任务五评估细则	自评	教师评
1	建立修改页面		
2	设置 xianshi.asp 页的超链接		
3	绑定动态数据		
4	初始 ASP 程序		
	活动任务综合评估		

活动任务六　删除数据库记录

任务背景

在维护网站的过程中,最基本的操作就是修改或者删除数据库记录,当确实不需要某些记录资料的时候,可以将这些资料删除。

任务分析

同修改数据库记录一样,要删除数据库记录,首先要创建相应页面 shanchu.asp,然后在 xianshi.asp 页面中加入相应的超链接,链接到 shanchu.asp,在该页面中提交要删除的记录。

任务实施

一、建立删除页面 shanchu.asp

（1）启动 Dreamweaver 8,在"打开最近项目"中单击 login\xianshi.asp 选项,就会打开 xianshi.asp 页面,如图 1.89 所示。

（2）这样相应的 zhuce 站点也被打开,如图 1.90 所示,在站点文件夹上右击,在快捷菜单中执行"新建文件"命令,输入 shanchu.asp,按 Enter 键,这样就建立了一个空白的 shanchu.asp 文件。

（3）双击站点目录中的 shanchu.asp,打开该页面,输入内容"删除数据库记录"。切换到"服务器行为"面板,单击"＋"按钮,选择"记录集（查询）"选项,筛选 user 表中的 ID、＝、URL 参数、ID 的记录,设置方法和 xiugai.asp 中一样,如图 1.91 所示,单击"确定"按钮。

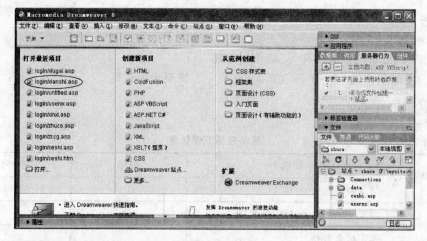

图　1.89

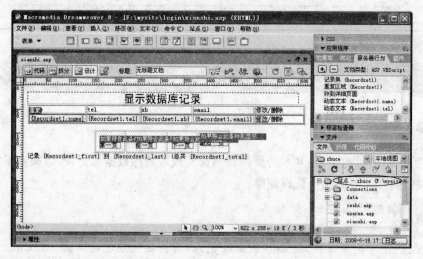

图　1.90

　　（4）插入表单，输入"您确实要删除此用户吗？"，切换到"绑定"面板，选择 name 字段，单击"插入"按钮，如图 1.92 所示。

图　1.91

图　1.92

（5）切换到"服务器行为"面板，单击"＋"按钮，选择"删除记录"选项，打开"删除记录"对话框，设置如图 1.93 所示，单击"确定"按钮，保存设置，这个页面就建立好了。

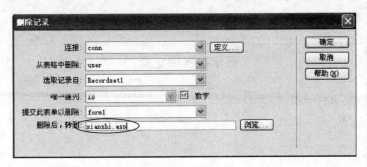

图　1.93

注意：一定要注意保存页面。

二、设置 xianshi.asp 页的超链接

（1）切换到 xianshi.asp，为文字"删除"设置超链接。选中"删除"，在"属性"面板中，单击"链接"下拉列表框后的"浏览文件"按钮，如图 1.94 所示。

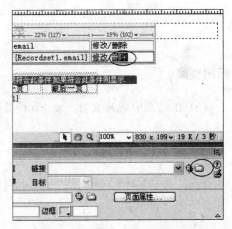

图　1.94

（2）打开"选择文件"窗口，选择 shanchu.asp，单击下面的"参数"按钮，设置同修改记录。

（3）保存页面，按 F12 键预览。单击"删除"，参数值传到 xianshi.asp，显示页面就会找到这条记录并删除，如图 1.95 所示。

（4）单击"提交"按钮，出现如图 1.96 所示界面，可以看到一条记录已经被删除。

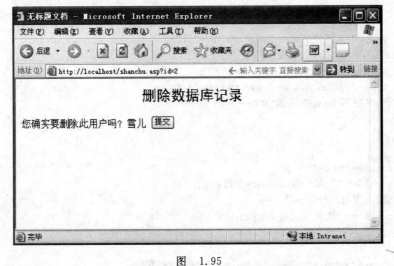

图　1.95

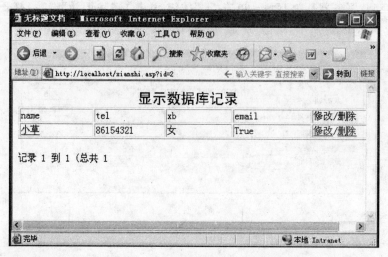

图　1.96

归纳提高

（1）在站点中新建文件 reg.htm，切换到"代码"视图，输入下列代码。

```html
<body>
<form name="form1" method="post" action="reg.asp">
姓名:
<input type="text" name="name"><!--文本域,名字叫 name-->
<br>
密码:
<input type="password" name="psw">
<!--文本域,用来输入密码,名字叫 psw-->
<br>
<br>
性别:
<input type="radio" name="sex" value="男">
<!--单选,名字叫 sex,数值是"男"-->
男
<input type="radio" name="sex" value="女">
<!--单选,名字叫 sex,数值是"女"-->
女 <br>
<br>
城市:
<select name="city">
<option value="上海" selected>上海</option>
<!--复选,大家自己分析一下-->
<option value="北京">北京</option>
</select>
<br>
<input type="submit" name="Submit" value="提交">
<!--提交按钮-->
<input type="reset" name="Submit2" value="重置">
```

```
</form>
</body>
```

切换到"设计"视图,如图1.97所示,保存页面。

(2)在站点中新建文件reg.asp,切换到"代码"视图,输入如下代码。

```
<%
name=request.form("name")
psw=request.form("psw")
sex=request.form("sex")
city=request.form("city")
response.write name
response.write psw
response.write sex
response.write city
%>
```

(3)保存当前页面,切换到reg.html页面,按F12键预览,界面如图1.98所示。

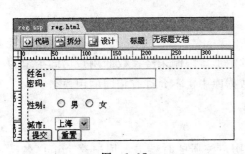

图 1.97

图 1.98

(4)输入各项内容,单击"提交"按钮,结果如图1.99所示。

图 1.99

大家也可以尝试只建立一个reg.asp页面,将以上两段程序都放在reg.asp中,预览一下结果。

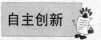

自己设计并建立一个删除页面,尝试写该页的 ASP 代码。

活动任务六评估表

	活动任务六评估细则	自评	教师评
1	建立 shanchu. asp 页面		
2	设置 xianshi. asp 页的超链接		
3	代码调试情况		
4	自己建立删除页面		
	活动任务综合评估		

活动任务七　防止重名和限制访问

在访问网站时,经常碰到没有权限,不能访问的情形。限制未经授权的用户访问指定的网页,这就是会员系统。如果要注册为会员,网站数据库中也不允许有相同的用户名。

在制作网站时,如何设置限制访问呢?如何在用户注册的时候提示用户这个用户名已经被注册了呢?在 Dreamweaver 里面可以很轻松地实现这个功能。可以对新用户名进行检查,如果重名,则转到 erro. asp;在制作限制用户访问时,需要新建一个欢迎页面 index . asp 和拒绝访问的页面 jjfw. asp。

任务实施

一、防止重名

(1) 打开 zhuce. asp,切换到"服务器行为"面板,单击"＋"按钮,选择"用户身份验证"下的"检查新用户名"选项,打开"检查新用户名"对话框,设置如图 1.100 所示,就是根据用户输入的用户名进行判断,如果已经存在,则转到 erro. asp,单击"确定"按钮。

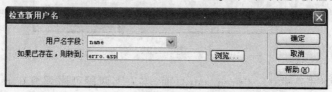

图　1.100

（2）建立 erro. asp。在站点文件夹上右击，选择"新建文件"选项，输入 erro. asp，按 Enter 键。双击 erro. asp，打开该页面，输入"此用户名已经被注册"。

（3）切换到 zhuce. asp，保存页面，按 F12 键预览，输入一个已经存在的用户名测试一下，例如，小草，单击"提交"按钮，如图 1.101 所示，会转到 erro. asp，显示"此用户名已经被注册"，如图 1.102 所示，说明设置成功了。

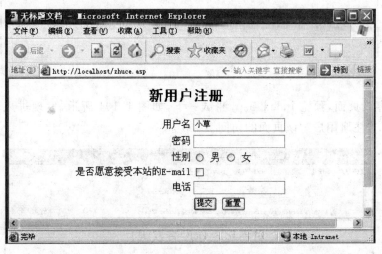

图　1.101

图　1.102

二、限制访问

（1）新建页面 index. asp，输入"欢迎访问该页！"，这个就是会员才能访问的页面。新建页面 jjfw. asp，输入"对不起，你没有权限！"。

（2）切换到 index. asp 页面，单击"服务器行为"面板中的"＋"按钮，在弹出的列表中选择"用户身份验证"下的"限制对页的访问"选项，打开"限制对页的访问"对话框，设置如图 1.103 所示，单击"确定"按钮。

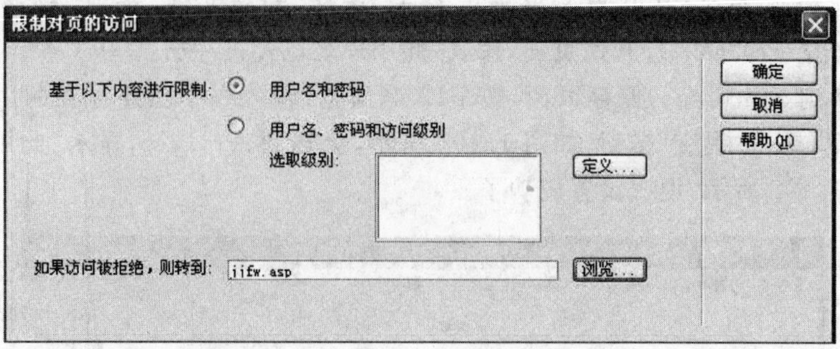

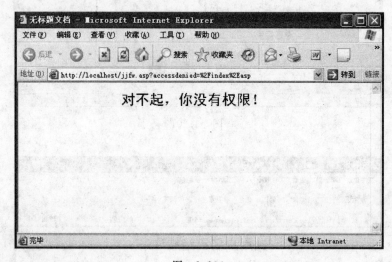

图　1.103

（3）保存该页面，预览 index. asp，测试一下，如图 1.104 所示，发现进入不了页面，这样，就限制了非注册用户对该页面的访问。

图　1.104

归纳提高

右击站点目录，新建一个文件，命名为 xianshi2. asp，输入下面的代码，预览结果，和页面 xianshi. asp 的制作过程相比较。

（1）

```
<%
set conn=server.createobject("adodb.connection")
conn.open "driver={microsoft access driver (*.mdb)};
dbq="&server.mappath("data.mdb")     /* 输入时,本行和上一行不要换行 */
%>
```

第一句定义了一个 ADODB 数据库连接组件，第二句连接了数据库，在以后的应用中只要修改后面的数据库名字就可以了。

（2）

```
<%
exec="select * from user"
set rs=server.createobject("adodb.recordset")
rs.open exec,conn,1,1
%>
```

这三句加在前面网句的后面，第一句：设置查询数据库的命令，select 后面加的是字段，如果都要查询就用 * ，from 后面再加上表的名字；第二句：定义一个记录集组件，所有搜索到的记录都放在这里面；第三句：打开这个记录集，exec 就是前面定义的查询命令，conn 就是前面定义的数据库连接组件，后面参数"1，1"，这是读取，如果修改记录就把参数设置为1，3。

（3）

```
<table width="100%" border="0" cellspacing="0" cellpadding="0">
<%do while not rs.eof%><tr>
<td><%=rs("name")%></td>
<td><%=rs("tel")%></td>
<td><%=rs("xb")%></td>
<td><%=rs("time")%></td>
</tr><%
rs.movenext
loop
%>
</table>
```

在一个表格中，用 4 列分别显示了上次建立的表里面的四个字段，用 do 循环，not rs. eof 的意思是条件为没有读到记录集的最后，rs. movenext 的意思是显示完一条转到下面一条记录，<％=％>就等于<％response. write％>，用于在 html 代码里面插入 asp 代码，主要用于显示变量。

大家一定要多实践，反复调试，结果如图 1.105 所示，当然如果数据库内容不同，则结果也就不同。

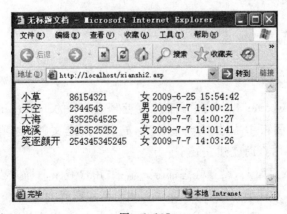

图 1.105

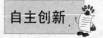

自主创新

（1）新建一个数据表 ceshi，设计好表的结构，并录入几条记录。

（2）尝试写入代码，读取数据库记录。

评估

活动任务七评估表

活动任务七评估细则		自评	教师评
1	防止重名		
2	限制访问		
3	代码分析情况		
4	模仿写代码情况		
活动任务综合评估			

活动任务八　登录和注销

任务背景

　　用户登录信息判定，需将浏览者输入的用户名和密码与数据库中存储的用户名和密码进行比较，如果相同，则登录成功，使注册会员能够从这里进入网站，查看会员内容；反之则失败。

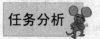

任务分析

　　建立登录页面，用户登录信息判定，需将浏览者输入的用户名和密码与数据库中存储的用户名和密码进行比较，如果相同，则登录成功，用户登录后就能进入到 index. asp 进行访问。访问完了，退出时要注销。

任务实施

一、登录页面

　　（1）启动 Dreamweaver 8，单击"打开最近项目"中的 login\index. asp 选项，打开 index. asp，在"文件"面板中右击站点文件夹，选择"新建文件"选项，输入 login. asp，按 Enter 键，这样一个空白页面就建立好了。

　　（2）在 login. asp 页面上，设置静态部分。输入"用户登录"，插入表单，在表单中插入一个 3 行×2 列的表格，和注册一样，同样要建立用户名和密码的文本域，注意，将用户名后面的文本域名字改为 name，密码后的文本域名字改为 pass，且选中为"密码"，这样就可以在输入密码的时候显示＊号，以防别人看见你的密码，插入两个按钮，一个"值"为"登录"，用于提交表单,一个设为"重设表单"。设置好以后的界面如图 1.106 所示。

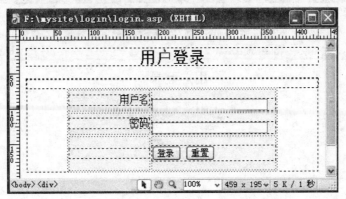

图　1.106

(3) 切换到"服务器行为"面板,单击"+"按钮,选择"用户身份验证"下的"登录用户"选项,打开"登录用户"对话框,设置如图 1.107 所示,如果登录成功即转到 index.asp,失败则转到 jjfw.asp,单击"确定"按钮。

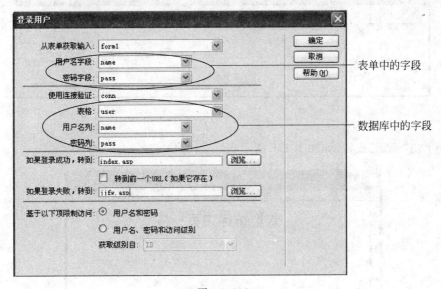

图　1.107

(4) 保存该页面,按 F12 键预览,如图 1.108 所示,输入用户名、密码,单击"登录"按钮。如果用已经注册的用户名和密码登录,则会转到 index.asp 欢迎页面;如果用户名和密码没有注册,则转到 jjfw.asp 页面。

二、注销页面

(1) 在"文件"面板中,双击 index.asp,打开该页面,切换到"服务器行为"面板,单击"+"按钮,选择"用户身份验证"下的"注销用户"选项,打开"注销用户"对话框,设置如图 1.109 所示。

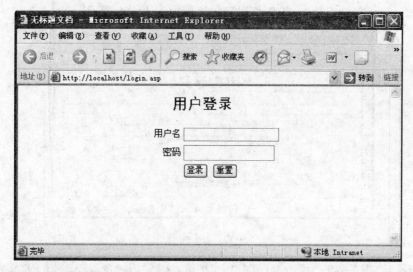

图　1.108

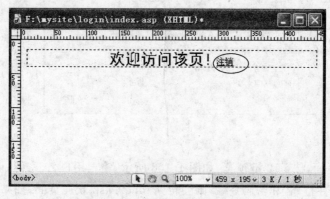

图　1.109

（2）单击"确定"按钮，如图 1.110 所示。

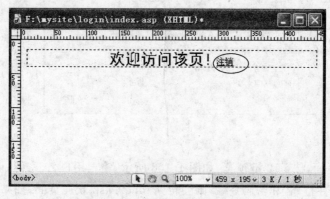

图　1.110

（3）保存该页面，从登录页面开始，测试一下。

打开 login. asp，按 F12 键预览，输入原来注册的用户名和密码，如图 1.111 所示。

（4）单击"登录"按钮，成功进入 index. asp，如图 1.112 所示。

（5）单击"注销"链接，则转到 login. asp。

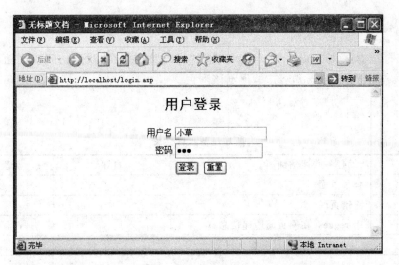

图　1.111

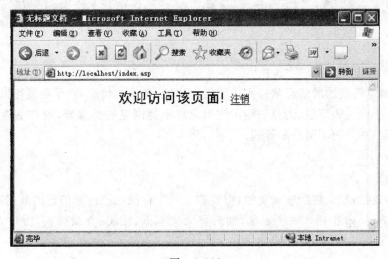

图　1.112

归纳提高

在本项目的注册登录页面中,通过单击"服务器行为"面板中的"+"按钮,选择弹出列表中的"插入记录"和"用户身份验证"选项完成了网页间的交互。

网页间的交互还包括在网页间传递信息。举一个例子:如果在表单中插入一个文本域,名字是 name,用来传送网上用户登记的名字,在表单域里面,用 POST 方法传送到 reg . asp,那么在 reg. asp 里面得到变量<% name＝request. form("name")% >,如果要显示变量再加上 response. write name,这样就形成了一个从客户端到浏览器再回到客户端的过程。

如果用的是 GET 方法,那么就改为<% name＝request. querystring("name")% >,实际上两者可以统一为<% name＝request("name")% >。

自主创新

请大家自行尝试,在 index.asp 中,切换到"代码"视图,在"欢迎访问该页面!"的前面加上<%＝session("username")%>,预览该网页。

评估

活动任务八评估表

	活动任务八评估细则	自评	教师评
1	登录页面		
2	注销页面		
3	用 request 在网页间传递信息		
	活动任务综合评估		

项目实训　书店网站的注册登录

任务背景

平常在浏览网站的时候经常碰到需要用户注册、登录的情况,登录后就可以拥有一些权限,例如可以下载一些资料、浏览一些没注册用户不能浏览的信息等,现在书店网站也需要拥有注册登录功能,便于网站的管理。

任务分析

要为书店网站加上注册登录功能,需要建立一个存储用户注册信息的数据库 user.mdb 和在首页 index.asp 中插入一个表单,加入登录文本框,注册、登录按钮,再建立一个 zhece.asp 页面即可。

任务实施

根据下列步骤依次制作。

(1) 数据库设计;

(2) 站点建立和 IIS 设置;

(3) 建立首页 index.asp;

(4) 建立注册页面 zhuce.asp,加上用户名验证和密码确认;

(5) 修改数据库记录;

(6) 删除数据库记录;

(7) 防止重名和限制访问;

(8) 登录和注销。

评估

项目实训评估表

项目实训评估细则		自评	教师评
1	数据库设计		
2	站点建立和 IIS 配置		
3	建立首页 index.asp		
4	建立注册页面 zhuce.asp 加上用户名验证和密码确认		
5	修改数据库记录		
6	删除数据库记录		
7	防止重名和限制访问		
8	登录和注销		
项目实训综合评估			

项目二

创建民意调查网页
——国家法定节假日调整方案调查

大家在生活中都填写过调查问卷,学校会有评价调查表,政府有作风调查表,大街上也有很多调查。在网上,这类民意调查就更多了,方式也比较简单,现在网上民意调查已经成为网站与网民进行沟通的一个重要桥梁。如为了完善国家法定节假日制度,国家有关部门经过一年多的多方研究论证比较,基本形成了国家法定节假日调整方案。从2007年11月9日起,新华网受权公布这一方案,开展民意调查。

根据公布的国家法定节假日调整方案,调整的主要内容包括以下三点。

(1)国家法定节假日总天数增加1天,即由目前的10天增加到11天。

(2)对国家法定节假日时间安排进行调整:元旦放假1天不变;春节放假3天不变,但放假起始时间由农历年正月初一调整为除夕;"五一"国际劳动节由3天调整为1天,减少2天;"十一"国庆节放假3天不变;清明节、端午节、中秋节增设为国家法定节假日,各放假1天(农历节日如遇闰月,以第一个月为休假日)。

(3)允许周末上移下错,与法定节假日形成连休。

您对这次调整持什么态度,请参与在线调查,如图2.1所示。

调查投票结果如图2.2所示。

分析:要学习本项目制作,应先仔细分析该模块中包含的功能。民意调查表,它由提供个人信息输入的网页调查模块和显示调查结果的结果显示模块组成。在调查模块对应的页面上添加插入记录的服务器行为,因为调查表不仅要统计有多少人参加了调查,而且要把每一位参加调查的结果记录下来。当选择完调查信息,单击"提交"按钮的时候调查结果显示模块显示调查结果。当然也可以不参加调查,直接查看调查结果。

调查系统所需文件及说明如下。

diaocha.asp 调查页,在该页中提供用户选择调查信息的窗体对象。

result.asp 结果页,显示调查的结果。

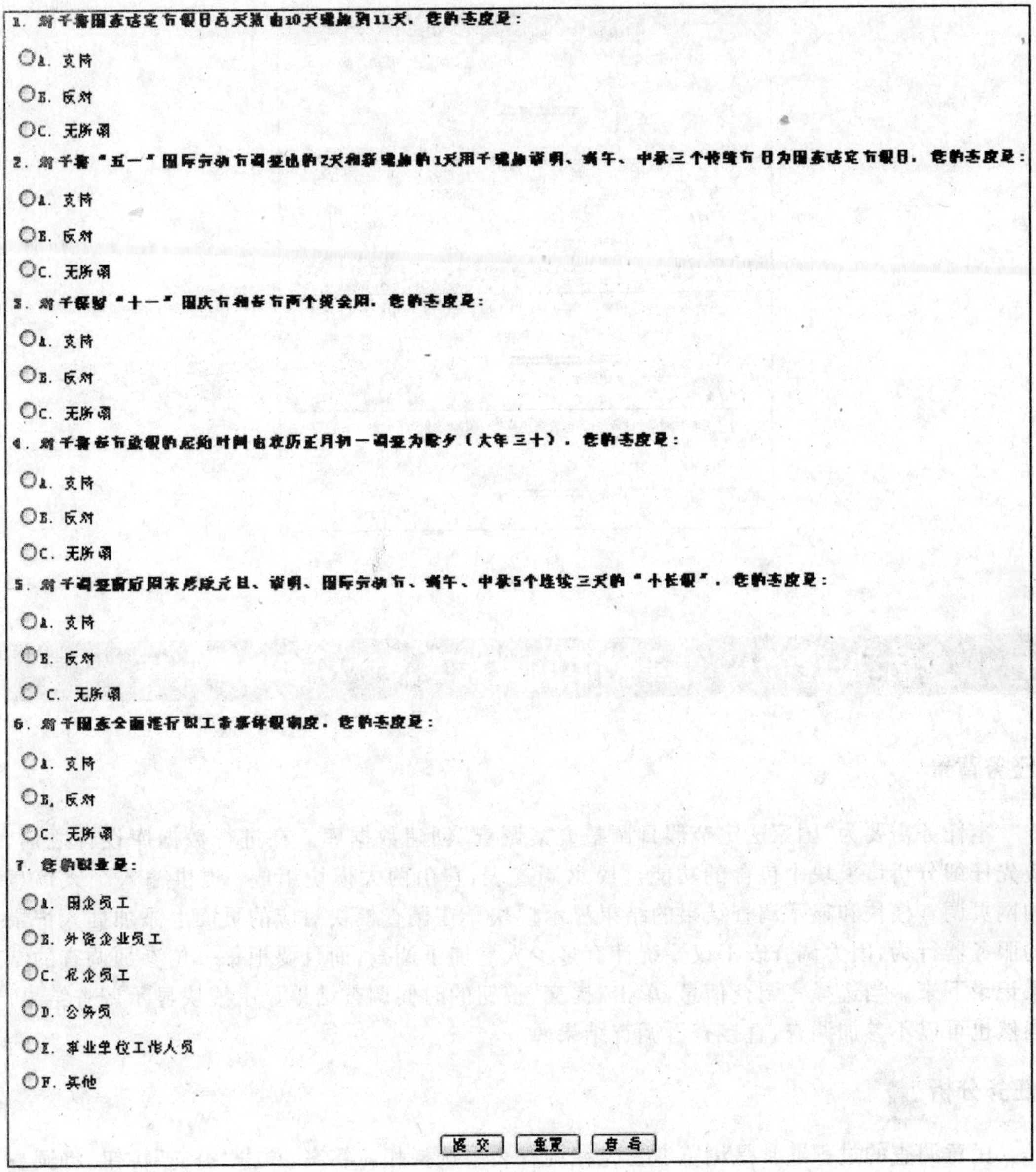

图　2.1

通过本项目的制作，将学习到以下内容。

- 学会使用表单元素——单选按钮组作为提交的表单对象。
- 学会根据不同的提交对象创建相应的数据表。
- 掌握数据库的相关操作。
- 会对 Web 服务器进行设置及在 Dreamweaver 中规划站点，创建相应站点文件夹。
- 学会设置服务器行为。
- 学会利用表格的动态属性制作图例。

本项目仿照中华网的"国家法定节假日调整方案调查"，自己动手创建民意调查网页。

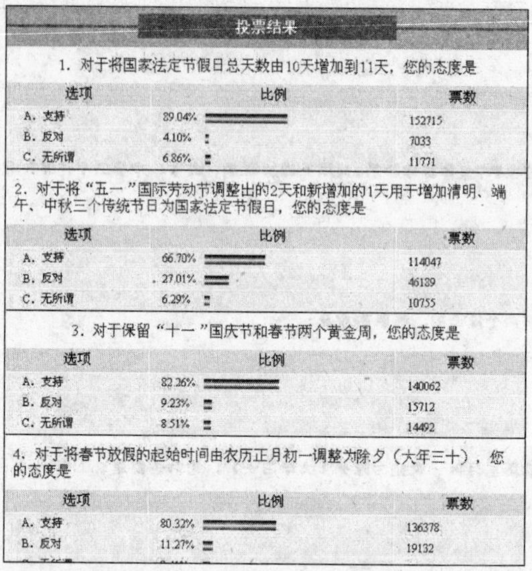

图 2.2

活动任务一　调查网页的数据库设计和数据库连接

任务背景

本任务需要为"国家法定节假日调整方案调查"创建数据库。在进行数据库设计之前，应先仔细分析该模块中包含的功能。民意调查表，它由两大模块组成：提供输入个人信息的网页调查模块和显示调查结果的结果显示模块。在调查模块对应的页面上添加插入记录的服务器行为，因为调查表不仅要统计有多少人参加了调查，而且要把每一位参加调查的结果记录下来。当选择完调查信息，单击"提交"按钮的时候调查结果显示模块显示调查结果。当然也可以不参加调查，直接查看调查结果。

任务分析

民意调查的过程通常是浏览者首先在调查表中选择相应答案，单击"提交"按钮，将调查结果保存在数据库中。在"国家法定节假日调整方案调查"中要展开 7 个方面的调查，要记录每一个参与调查的调查者的调查结果，所以需要一个存储调查结果的表 diaocha，该表中的字段如下：

ID、test1、test2、test3、test4、test5、test6、test7、time。

下面对上述字段给予说明。

ID：自动编号。

test1：对于将国家法定节假日总天数由 10 天增加到 11 天，您的态度。

test2：对于将"五一"国际劳动节调整出的 2 天和新增加的 1 天用于增加清明、端午、中秋三个传统节日为国家法定节假日，您的态度。

test3：对于保留"十一"国庆节和春节两个黄金周，您的态度。

test4：对于将春节放假的起始时间由农历正月初一调整为除夕（大年三十），您的态度。

test5：对于调整前后周末形成元旦、清明、国际劳动节、端午、中秋 5 个连续三天的"小长假"，您的态度。

test6：对于国家全面推行职工带薪休假制度，您的态度。

test7：您的职业。

time：参与调查时间。

任务实施

一、建立数据库

（1）启动 Microsoft Access 2003，出现如图 2.3 所示的界面。

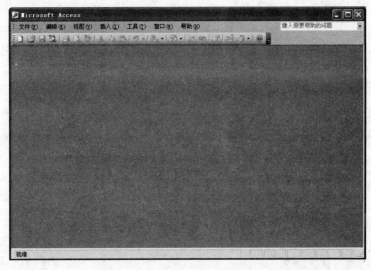

图　2.3

（2）执行"文件"菜单中的"新建"命令，调出"新建文件"任务窗格，如图 2.4 所示。

（3）单击右侧任务窗格中的"空数据库"选项，出现如图 2.5 所示的"文件新建数据库"界面。

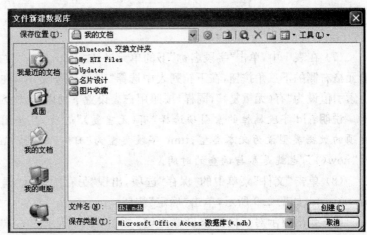

图　2.4　　　　　　　　　　　　　　　　　　　　图　2.5

（4）在"保存位置"下拉列表中选择 F:\mysite\ investigate 文件夹，单击"新建文件夹"按钮，打开"新文件夹"对话框，在"名称"文本框中输入 database，如图 2.6 所示，单击"确定"按钮。

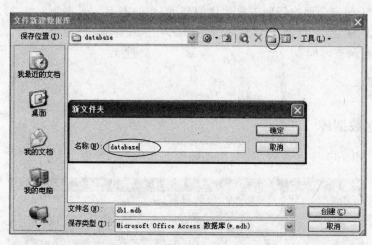

图　2.6

（5）在"文件名"列表框中输入 db1.mdb，单击"创建"按钮。

（6）双击"使用设计器创建表"选项，如图 2.7 所示。

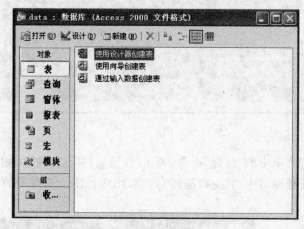

图　2.7

（7）在表 1 中，单击"字段名称"下的单元格，输入 id，单击"数据类型"下的单元格，再单击单元格右侧的下三角按钮，在下拉列表中选择"自动编号"选项，在下方的"字段属性"面板里，将索引值设为"有(无重复)"，同样，按照用户表设置下列内容，输入完后界面如图 2.8 所示。

说明：id 字段属性的索引项选择"有(无重复)"选项，且将 ID 字段设为主键；test1 等调查项的数据类型设为文本类型；time 字段类型为"日期/时间"，在字段属性的"默认值"中输入"now()"，也就是参与调查的时间。

（8）单击"文件"菜单中的"保存"选项，出现"另存为"对话框，在"表名称"文本框中输入 investigate，如图 2.9 所示，单击"确定"按钮。

（9）弹出提示对话框要求设置主键，如图 2.10 所示，单击"是"按钮，由系统自动设置主键。

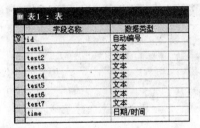

图 2.8

图 2.9

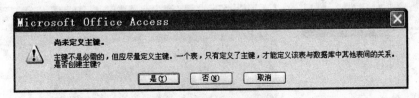

图 2.10

（10）这样就建好了"国家法定节假日调整方案调查"所需要的数据库，单击"关闭"按钮，关闭该表，如图 2.11 所示。

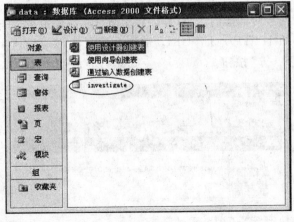

图 2.11

（11）双击 investigate 选项，打开该表，观察一下字段，发现系统已经给 time 字段填好了值，是当前时间，如图 2.12 所示。假如通过网页进行投票，也就是在 investigate 表中插入一条记录，系统会根据提交记录的时间，自动插入时间，这样在页面上就不用单独设置一个收集时间的选项了。

提示：如果要修改数据表结构，可以切换到"设计"视图下进行修改。如果保存时没有设置主键，若现在要设置主键，可以在"设计"视图下，右击要设置主键的字段左边的单元格，在快捷菜单中选择"主键"选项即可，如图 2.13 所示，取消主键的操作方法相同。

二、在 Dreamweaver 中建立站点

（1）启动 Dreamweaver，选择"站点"菜单中的"新建站点"选项，如图 2.14 所示。

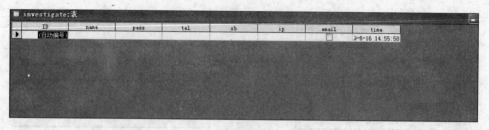

图 2.12

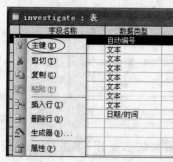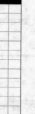

图 2.13

图 2.14

（2）在站点定义向导对话框的"您打算为您的站点起什么名字？"文本框中输入"民意调查表"，在"您的站点的 HTTP 地址（URL）是什么？"文本框中输入 http://localhost/，如图 2.15 所示，单击"下一步"按钮。

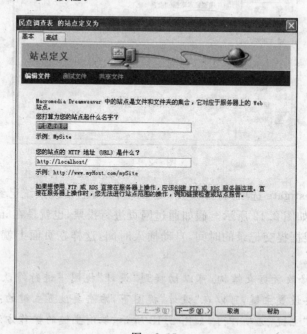

图 2.15

（3）在"您是否打算使用服务器技术，如 ColdFusion、ASP. NET、ASP、JSP 或 PHP？"下选择第二项"是，我想使用服务器技术。"，在"哪种服务器技术？"下拉列表中选择 ASP

VBScript 选项,如图 2.16 所示,单击"下一步"按钮。

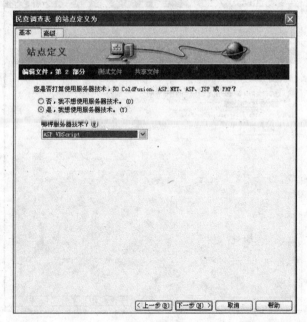

图　2.16

（4）在"在开发过程中,您打算如何使用您的文件?"下选择第一项"在本地进行编辑和测试（我的测试服务器是这台计算机）",单击"您将把文件存储在计算机上的什么位置?"文本框后面的文件夹图标,选择 F:\mysite\investigate\,如图 2.17 所示,单击"下一步"按钮。

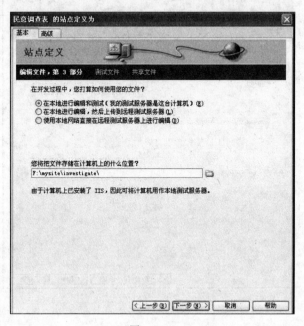

图　2.17

（5）在"您应该使用什么 URL 来浏览站点的根目录?"文本框中输入 http://localhost/,单击"下一步"按钮,如图 2.18 所示。

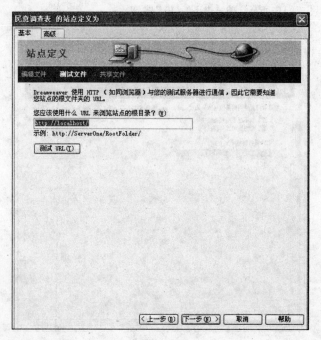

图　2.18

（6）选中"否"单选按钮，单击"下一步"按钮，如图 2.19 所示。

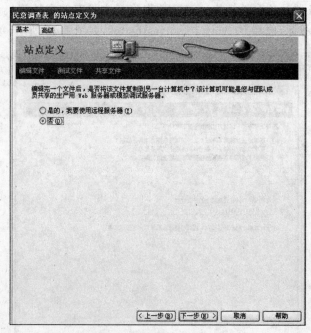

图　2.19

（7）检查站点设置，单击"完成"按钮即可，如图 2.20 所示。

这样站点就设置好了。下面进行 IIS 的配置。

图 2.20

三、IIS 服务器的配置

（1）单击"控制面板"中的"管理工具"选项，弹出"管理工具"窗口，因为已经安装了 IIS，所以在"管理工具"窗口中显示有"Internet 信息服务"图标，如图 2.21 所示。

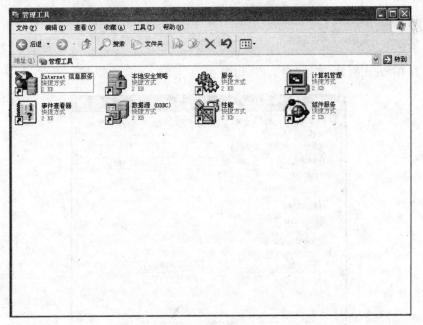

图 2.21

（2）双击"Internet 信息服务"图标，弹出"Internet 信息服务"窗口，如图 2.22 所示。

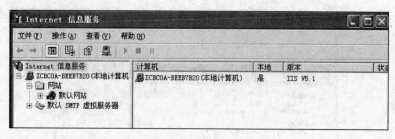

图　2.22

（3）选定"默认网站"选项（如果没有显示"默认网站"，则单击各文件夹前面的"＋"按钮，将文件夹全部展开），右击，在快捷菜单中选择"属性"选项，如图 2.23 所示。

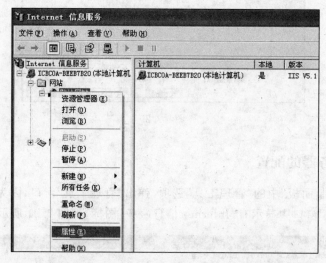

图　2.23

（4）打开"默认网站 属性"对话框，如图 2.24 所示。

图　2.24

(5) 打开"主目录"选项卡,在"连接到资源时的内容来源"选择第一项"此计算机上的目录";单击"本地路径"文本框后面的"浏览"按钮,设置为 F:\mysite\investigate,选中下面的"读取"和"写入"复选框,如图 2.25 所示。

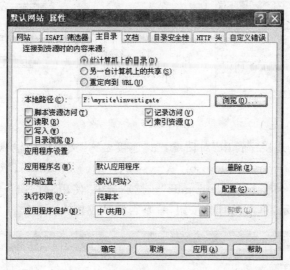

图 2.25

(6) 打开"文档"选项卡,选中"启用默认文档"复选框,通过"添加"按钮、"删除"按钮和上下箭头调整文档顺序,设置默认文档类型。单击"确定"按钮就完成了网站的属性设置。通常情况下设置为 index.asp、index.htm、Default.asp、Default.htm,如图 2.26所示。

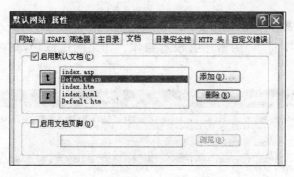

图 2.26

这样 IIS 服务器就配置好了。

四、Dreamweaver 和数据库连接

(1) 启动 Dreamweaver,新建一个空白文档,如图 2.27 所示,在右侧的"文件"面板中可以看到 database 目录下的 data.mdb 数据库,现在将 Dreamweaver 和数据库连接起来。

(2) 打开"应用程序"卷展栏中的"数据库"面板,单击"＋"按钮,在下拉列表中,有两种建立数据库连接的方法,如图 2.28 所示,这里选择"自定义连接字符串"。

图　2.27　　　　　　　　　　　　　　　　　　　图　2.28

（3）打开"自定义连接字符串"对话框，在"连接名称"文本框中输入 conn；在"连接字符串"文本框中输入："Driver＝{Microsoft Access Driver（*.mdb)}；Uid＝；Pwd＝；DBQ=" & Server.Mappath("/database/data.mdb")，然后选中"使用测试服务器上的驱动程序"单选按钮，如图 2.29 所示，单击"测试"按钮，看是否测试成功。

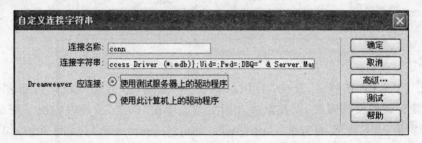

图　2.29

（4）如果测试不成功，显示如图 2.30 所示界面，表示 Dreamweaver 和数据库连接不成功，这时候检查"连接字符串"的语法有没有错误。如果测试成功，则弹出如图 2.31 所示界面。

图　2.30

（5）单击"确定"按钮，再单击"自定义连接字符串"对话框中的"确定"按钮，这样就完成了数据库的连接。

提示：数据库连接成功后，在"数据库"面板中，依次单击 conn 前的"＋"按钮，"表"前的

"十"按钮,investigate 前的"十"按钮,就可以看到 investigate 表中的字段,如图 2.32 所示,如果在 investigate 表上右击,在快捷菜单中选择"查看数据"选项,就可以看到表中的数据。

图 2.31　　　　　　　　　　　　　　　　图 2.32

本任务主要根据民意调查模块的功能分析,设计数据库并为建立模块做准备。主要完成了下述工作。

(1) 建立数据库。

(2) 在 Dreamweaver 中建立站点。

(3) IIS 服务器的配置。

(4) Dreamweaver 和数据库连接。

其中数据库设计非常关键,数据库设计的好坏直接影响到应用系统的质量,这需要在实践中慢慢积累经验。

尝试根据所给的调查表设计数据库,调查表如图 2.33 所示。这个数据表请大家自行设计,下面会继续提到该表。

Macromedia产品软件调查表

如果Macromedia软件产品进行促销活动,flash、Dreamweaver、fireworks这三个软件您期望以多少价格购买其中的任意一款:

◯ 100RMB-300RMB　　◯ 300RMB-600RMB　　◯ 600RMB-1000RMB
◯ 1000RMB-2000RMB　◯ 2000RMB-4000RMB　◯ 放弃这个答案

您通常在哪里使用计算机:

☐ 单位　☐ 家里　☐ 网吧　☐ 学校机房

[提交] [重置]

图 2.33

活动任务一评估表

活动任务一评估细则		自评	教师评
1	建立数据库		
2	在 Dreamweaver 中建立站点		
3	IIS 服务器的配置		
4	Dreamweaver 和数据库连接		
活动任务综合评估			

活动任务二　调查页的制作

任务背景

对于一个民意调查系统,必须有一个页面 diaocha. asp(调查页),该页面为浏览者提供供选择的调查信息选项并把调查结果保存到数据库中。

任务分析

从图 2.1 中可以看出,供用户选择的调查信息全部放置在一个表单中。在表单中,选择完调查信息并单击"提交"按钮后,这些表单对象中的数据全部提交到服务器端,插入相应的数据表中。对于这个页面的主要工作有三个,一是静态页面的制作;二是设置各表单对象的属性;三是添加一个插入记录的服务器行为。

下面就来制作一个这样的调查表。

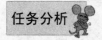

任务实施

一、制作静态页面

(1) 启动 Dreamweaver,创建新项目 ASP VBScript,如图 2.34 所示。

图　2.34

（2）执行"文件"菜单中的"保存"命令，打开"另存为"对话框，保存为 F：\ mysite\ investigate 下的 diaocha. asp 文件名，对话框设置如图 2.35 所示，单击"保存"按钮，这样就创建了一个 diaocha. asp 页面。

图　2.35

（3）打开"插入"面板中的"常规"选项卡，单击"表格"按钮，如图 2.36 所示。

图　2.36

（4）打开"表格"对话框，设置如图 2.37 所示，插入一个 1 行 1 列的表格，"表格宽度"为 760 像素，在"属性"面板中设置"水平"为居中对齐。

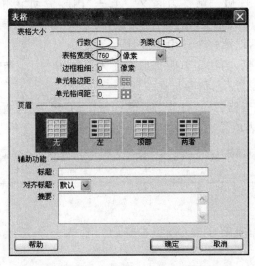

图　2.37

（5）在插入的表格中单击，将光标定位在其中。打开"插入"面板中的"常规"选项卡，单击"图像"按钮，如图 2.38 所示。

（6）打开"选择图像源文件"对话框，在"查找范围"下拉列表中选择 F:\mysite\investigate\images\xm 文件夹，双击其中的 dcbanner.jpg，插入该图像。

（7）重复步骤（3）和步骤（4），再插入一个 1 行 1 列的表格，间距设置为 8 像素。

（8）单击"属性"面板中的"页面属性"按钮，在"页面属性"对话框中设置"背景颜色"为 ♯FFCCFF，如图 2.39 所示，单击"确定"按钮，这样页面的背景颜色就设置好了。

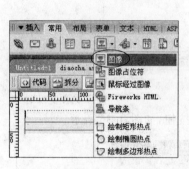

图　2.38

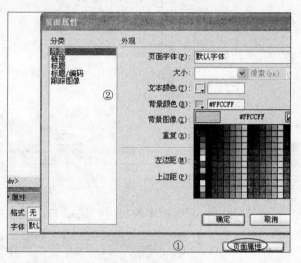

图　2.39

（9）在第二个表格内，输入以下本次民意调查的说明文字。

根据公布的国家法定节假日调整方案，调整的主要内容包括以下三点。

① 国家法定节假日总天数增加 1 天，即由目前的 10 天增加到 11 天。

② 对国家法定节假日时间安排进行调整：元旦放假 1 天不变；春节放假 3 天不变，但放假起始时间由农历年正月初一调整为除夕；"五一"国际劳动节由 3 天调整为 1 天，减少 2 天；"十一"国庆节放假 3 天不变；清明节、端午节、中秋节增设为国家法定节假日，各放假 1 天（农历节日如遇闰月，以第一个月为休假日）。

③ 允许周末上移下错，与法定节假日形成连休。

您对这次调整持什么态度，请参与在线调查。

（10）把光标定位在表格后面，打开"插入"面板中的"表单"选项卡，单击"表单"按钮，如图 2.40 所示，插入一个表单。

图　2.40

（11）在表单内单击，重复步骤（3）和步骤（4），插入一个 8 行 1 列的表格，如图 2.41 所示。

（12）在第一行单元格中输入"1. 对于将国家法定节假日总天数由 10 天增加到 11 天；

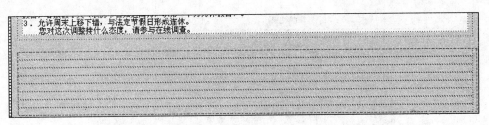

图　2.41

您的态度是：A.支持、B.反对、C.无所谓"，在 A 选项前，插入一个单选按钮，同样在 B 和 C 选项前分别插入一个单选按钮，插入完成后，界面如图 2.42 所示。用同样的方法，完成下面的单元格设置。

（13）在最后一行中，通过插入不换行空格（如图 2.43 所示），调整光标到合适位置。

图　2.42

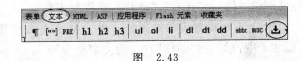

图　2.43

（14）单击"表单"工具栏中的"按钮"按钮，插入三个按钮，如图 2.44 所示。

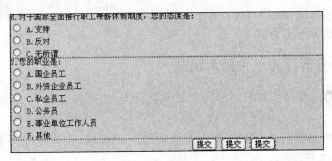

图　2.44

二、设置表单及表单元素的属性

（1）在第一个调查项目中，选中"A.支持"前的单选按钮，在"属性"面板中，设置单选按钮名称为 test1，"选定值"为支持；同样选中"B.反对"前的单选按钮，在"属性"面板中，设置单选按钮名称为 test1，"选定值"为反对；选中"C.无所谓"前的单选按钮，在"属性"面板中，设置单选按钮名称为 test1，"选定值"为无所谓。

提示：在调查表中，每一组单选按钮的名称属性值相同，所以每一组单选按钮只能有一个被选中。

（2）用同样的方法，依次设置第 2 组单选按钮的名称为 test2，第 3 组单选按钮的名称为 test3，第 4 组单选按钮的名称为 test4，第 5 组单选按钮的名称为 test5，第 6 组单选按钮的名称为 test6，第 7 组单选按钮的名称为 test7，每一个单选按钮的"选定值"都为该按钮后面对应的值。例如，如果选中了第 7 组的 E 选项前的单选按钮，则它的属性设置如图 2.45 所示。

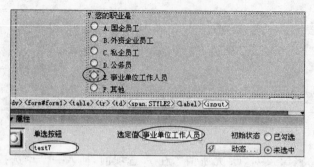

图 2.45

（3）接下来设置最后一行中 3 个按钮的属性。选中第 1 个按钮，"按钮名称"为默认值 submit，"值"为"提交"，"动作"为"提交表单"；选中第 2 个按钮，"按钮名称"为默认值 submit2，"值"为"重置"，"动作"为"重设表单"；选中第 3 个按钮，"按钮名称"为默认值 submit3，"值"为"查看"，"动作"为"提交表单"。

（4）下面设置表单的属性。单击网页下面的标签＜form＃form1＞选中表单，设置如图 2.46 所示。在"动作"右边的文本框中输入 result. asp，如果该文件已经建立，可单击右边的文件夹图标进行选择。这样的设置，使表单提交并传出数据后，执行相应动作的文件是 result. asp。在"方法"右边的下拉列表框中选择 POST 方式。

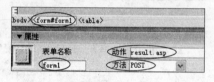

图 2.46

三、添加服务器行为——插入记录

对这个页面的主要操作就是添加一个服务器行为，使得提交表单时，表单的数据能存储到数据表中。

（1）切换到"服务器行为"面板，单击面板中的"＋"按钮，在弹出的菜单中执行"插入记录"命令，如图 2.47 所示。

（2）打开"插入记录"对话框，设置如图 2.48 所示。

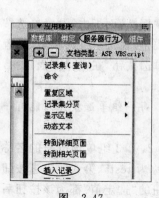

图 2.47

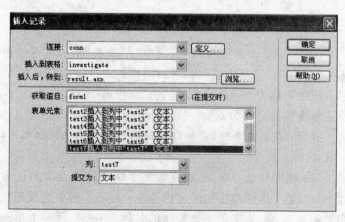

图 2.48

现在该页需要做的就完成了，保存该页面。

归纳提高

本任务主要制作了民意调查的一个主要页面 diaocha.asp，主要通过下面三个步骤。

一、制作静态页面

运用的知识：插入表格，在表格内插入图片，设置网页的背景颜色。

二、设置表单及表单元素的属性

运用的知识：插入表单，插入表单元素（单选按钮和按钮）。

三、添加服务器行为——插入记录

运用的知识："插入记录"对话框的设置。

总的说来，这些知识都比较简单。但是在民意调查中，为了减少麻烦，调查表尽量采用单选项和复选项的形式。复选框的设置又是怎样的呢？

在调查表中，每一组单选按钮只能有一个被选中，也就是说每一组单选按钮最后只能有一个答案，要么是 A 要么是 B，而不能同时选 A 和 B，所以在属性设置时，每一组单选按钮的名称属性值相同，选定值不同。在进行数据库设计时，每一组单选按钮对应一个字段。

而对于复选框来说，被调查者可以同时选中多个复选框，所以在设置复选框的属性时，复选框的名称和选定值都不能相同。在进行数据库设计时，每一个复选框都应该对应数据表的一个字段。

自主创新

尝试根据所给的调查表设计数据库，并完成该页的制作。调查表如图 2.49 所示（注意复选框部分在对应数据表中所占字段）。

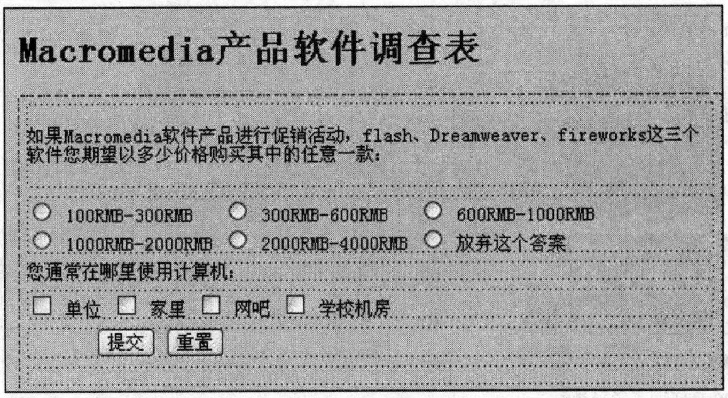

Macromedia产品软件调查表

如果Macromedia软件产品进行促销活动，flash、Dreamweaver、fireworks这三个软件您期望以多少价格购买其中的任意一款：

○ 100RMB-300RMB　　○ 300RMB-600RMB　　○ 600RMB-1000RMB
○ 1000RMB-2000RMB　○ 2000RMB-4000RMB　○ 放弃这个答案

您通常在哪里使用计算机：

□ 单位　□ 家里　□ 网吧　□ 学校机房

[提交]　[重置]

图　2.49

78

评估

活动任务二评估表

活动任务二评估细则		自评	教师评
1	制作静态页面		
2	设置表单及表单元素的属性		
3	添加服务器行为——插入记录		
4	Macromedia 产品软件调查表完成情况		
活动任务综合评估			

活动任务三　调查结果显示页的制作

任务背景

新华网关于"国家法定节假日调整方案调查"的 diaocha.asp(调查页)制作已经完成,接下来,应该继续完成调查结果显示页的制作。

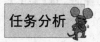

任务分析

在调查页 diaocha.asp 中填好调查表单击"提交"按钮后,调查信息就被提交到服务器端数据库中相应数据表中,最后,调查系统转到显示调查结果的页 result.asp。

从图 2.2 中可以看出,该页显示的是调查结果的总体情况,包括各类调查信息所占的人数以及所占总人数的百分比。要先制作静态页,然后要做的主要工作就是为该页建立记录集,绑定动态数据,添加服务器行为,使结果页能够动态地显示调查信息的总体情况。

任务实施

一、制作静态页面

(1)启动 Dreamweaver,单击"打开最近项目"中的 investigate\diaocha.asp 选项,如图 2.50 所示,打开站点中的 diaocha.asp。

(2)在"文件"面板中,右击"站点-民意调查表",在快捷菜单中选择"新建文件"选项,如图 2.51 所示,输入文件名 result.asp,按 Enter 键,这样就建好了 result.asp 文件。

图　2.50

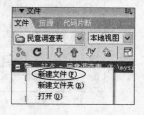

图　2.51

（3）双击 result. asp 图标，打开该文件。同活动任务二中一样，插入一个 1 行 1 列、宽度为 760 像素的表格（table1），并在表格内插入预先准备好的图片；在 table1 的下方再插入一个同样的表格（table2），两个表格的对齐方式都为居中对齐，效果如图 2.52 所示。

图　2.52

（4）在 table2 表格内单击，再单击"常用"工具栏中的"表格"按钮，插入一个 5 行 5 列、表格宽度为 100 百分比的表格。选中第 1 行的 5 个单元格，单击"属性"面板中的"合并所选单元格，使用跨度"按钮，如图 2.53 所示。

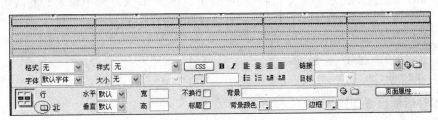

图　2.53

（5）用同样的方法将第 2 行的第 2、3、4 个单元格合并，第 3、4、5 行的第 2、3、4、5 个单元格合并，在此合并的单元格中插入一个 1 行 4 列且百分比为 100％的表格（table3）。选中表格 table2 的第 1 行和第 2 行，设置对齐方式为水平居中对齐。根据自己的喜好，设置第 2 行的背景颜色。

（6）在表格中输入文字，调整好表格，如图 2.54 所示。

1.对于将国家法定节假日总天数由10天增加到11天，您的态度是：			
选项	比例		票数
		100% (562) ▼	
A.支持	20% (111) ▼　23% (128) ▼　23% (129) ▼		34% (191) ▼
B.反对	X%		X
C.无所谓			

图　2.54

静态部分已经完成，下面要向结果页添加动态数据。首先要建立记录集，这里建立的记录集比较特别，需要为每一项调查建立一个记录集。

二、建立记录集

（1）为第 1 项调查信息建立一个记录集。在"服务器行为"面板中，单击"＋"按钮，在下拉列表中执行"记录集（查询）"命令，打开"记录集"对话框，如图 2.55 所示。

（2）单击"高级"按钮，转到高级"记录集"对话框，建立一个记录集，统计在第一个调查项中选择"支持"的人数。在"记录集"对话框的"名称"文本框中输入 Rst1，在"连接"文本框

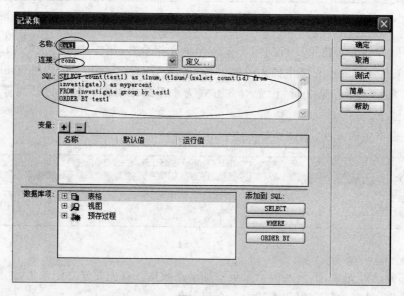

图　2.55

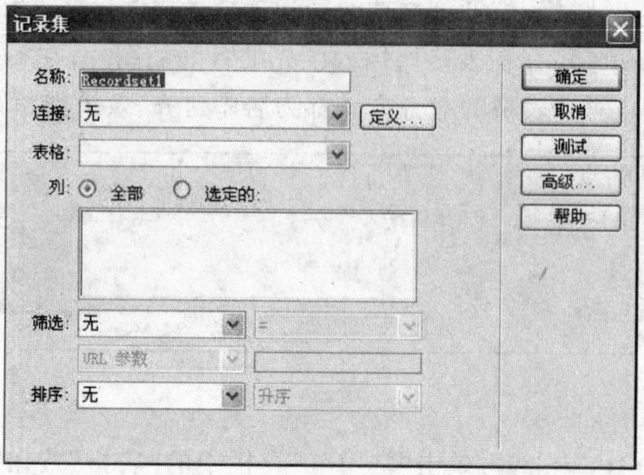

中输入 conn，建立这个记录集需要用到 SQL 语句。在 SQL 文本框中输入如下语句：

```
SELECT count(test1) as t1num,(t1num/(select count(id) from investigate))
as mypercent
FROM investigate group by test1
ORDER BY test1
```

整体对话框设置如图 2.56 所示。

图　2.56

　　说明：看一下这个 SELECT 语句。语句中用到 count(test1) as t1num 计算字段，并为其取名 t1num，按字段 test1 进行统计记录；(t1num/(select count(id) from investigate)) as mypercent 同样也是计算字段，该子句中 t1num 是已经说明了的字段名，代表选择 A（支持）、B（反对）或者 C（无所谓）的人数，select count(id) from investigate 就是取得记录总数，它们的比也就是计算出一个选择支持的人数占总人数的百分比，用 mypercent 作为计算字段的别名。子句 FROM investigate group by test1，是从数据表 investigate 中取得记录，后面加了一个 group by test1 子句,就是取得的记录集按照字段 test1 进行分组,因为这个字段有支持、反对和无所谓三个值,那么建立的记录集有三个记录,也就是支持占一个记录,反对占一个记录,无所谓占一个记录,可以单击"测试"按钮测试,测试结果如图 2.57 所示,单击"确定"按钮保存设置。

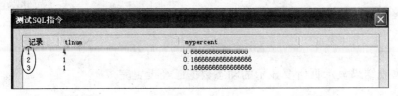

图　2.57

通过上面两个步骤,已经为第一个选项建立好了所需的记录集,下一步就要根据建立的记录集向页面添加动态数据。

三、向页面绑定动态数据

向调查结果显示页添加动态数据,以便结果页能够动态显示数据表 investigate 中所存储的调查信息。例如,为第一个调查项选"A.支持"绑定动态数据,可分为以下几个步骤完成。

(1) 打开"绑定"面板,单击"＋"按钮展开记录集 Rst1,如图 2.58 所示。

(2) 选中调查结果页中的"X％",选择记录集中的 mypercent 字段,单击"绑定"面板中的"插入"按钮,就把第一项调查选 A 的占总投票人数的百分比的动态数据添加到页面上了,如图 2.59 所示。

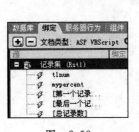

图　2.58

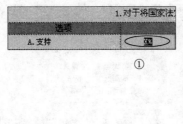

①

②

③

图　2.59

(3) 同样,选中调查结果页中的 X,选择记录集中的 t1num 字段,单击"绑定"面板中的"插入"按钮,就把第一项调查选 A 的投票人数的动态数据添加到页面中了。

四、为"X％"设置数据格式

(1) 打开"绑定"面板,单击"＋"按钮展开记录集 Rst1。选择结果页上的占位符{Rst1.mypercent},即动态文本,这时记录集中的 mypercent 字段被选中。

(2) 单击 mypercent 字段右边的下三角按钮,如图 2.60 所示,在弹出的菜单中选择"百分比"下的"2 个小数位"选项,如图 2.61 所示,即把这个动态数据设置成百分数的形式,并保留两位小数。

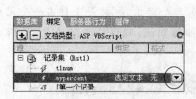
图　2.60

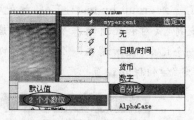
图　2.61

现在,调查结果显示页所要显示的动态数据已经设置完成。

五、设置表格的动态属性

在调查结果显示页中使用了图示,图示可以采用表格嵌套和表格的动态属性来制作。

(1) 把如图 2.62 所示的 table3 的第 2 个单元格的背景颜色设置为灰色。

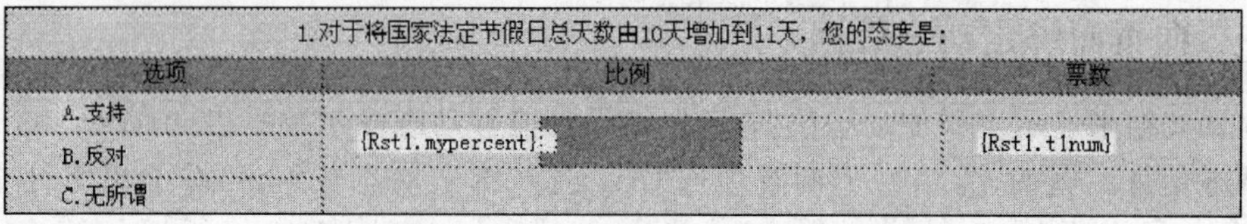

1.对于将国家法定节假日总天数由10天增加到11天,您的态度是:		
选项	比例	票数
A.支持	{Rst1.mypercent}	{Rst1.t1num}
B.反对		
C.无所谓		

图　2.62

(2) 把光标定位在灰色的单元格中,单击"插入"工具栏中的"表格"按钮,打开"表格"对话框,设置如图 2.63 所示,插入一个 1 行 1 列的表格 table4,表格宽度设置为 60 百分比,在"属性"面板中设置"水平"为"左对齐"。

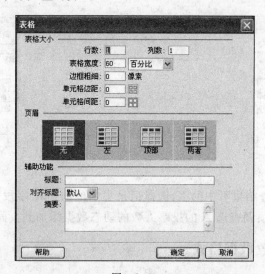
图　2.63

说明:在"表格宽度"文本框中输入 60,在右边的下拉列表中选择"百分比"选项,即小表格的列宽占容纳它的单元格宽度的 60%,这样设置是为了方便选中这个小表格。

(3) 单击"确定"按钮,这样一个小表格就插入到相应的单元格中了。

(4) 在 table4 中单击,然后单击窗口下方右边的<table>标签选中小表格,在"属性"面板中,将"背景颜色"设置为红色。

（5）选择"窗口"菜单中的"标签检查器"选项,打开"标签"面板,单击"属性"标签,找到"常规"下的 width 属性,选中"60％"选项,这时在它右边会出现一个闪电按钮,如图 2.64 所示。

（6）单击闪电按钮,会弹出一个动态数据窗口。在"域"列表框的记录集中选择 mypercent,然后在格式下拉列表中选择"百分比-2 个小数位"选项,单击"确定"按钮,如图 2.65 所示。这样 table4 的宽度属性值就设置成相应记录的 mypercent 字段的值了。

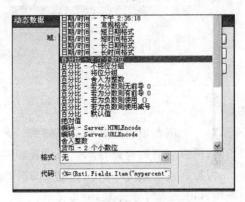

图　2.64　　　　　　　　　　　图　2.65

六、添加重复区域服务器行为

向页面中的各调查项绑定了动态数据后,实际上这些动态数据代表的只是相应记录集中的第一条记录。调查结果显示页应该把记录集中的记录全部显示在对应的选项中。为了解决这个问题,还需要在结果页中添加一个重复区域的服务器行为。

（1）选中表格 table3。可以把光标放在表格中任何部分,然后单击文档窗口下方右边的第一个＜table＞标签来选中它。

（2）打开"服务器行为"面板,单击面板中的"＋"按钮,在弹出菜单中执行"重复区域"命令。

（3）弹出"重复区域"对话框,在"记录集"后的下拉列表框中输入 Rst1,在"显示"选项组中选中"所有记录"单选按钮,如图 2.66 所示,单击"确定"按钮保存设置。

图　2.66

（4）保存页面设置,按 F12 键预览,结果如图 2.67 所示。

注意：在预览时,重复区域部分有可能和前面部分不能对齐,如图 2.68 所示,这时候需要反复调整 table3 的宽度,以及"属性"面板的"间距"的数值,反复调整几次,肯定会有满意

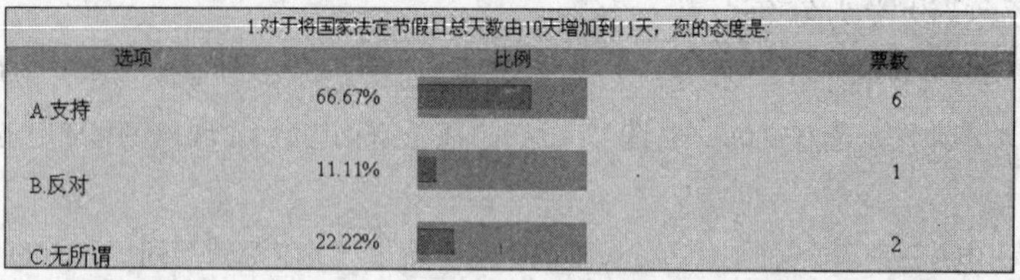

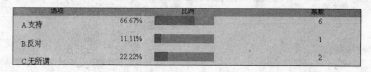

图　2.67

图　2.68

的结果。

　　至此,第一个调查项目的制作全部完成。大家可以看出后面 6 个调查项目和第一个项目完全相同,所以它们的调查显示结果设置和第一个调查项目的制作也完全相同。需要注意的是,在为后面 6 个调查项目建立记录集时,记录集的名称要和前面的记录区分开,如第二个调查项目记录集名称设为 Rst2。

归纳提高

　　本任务主要制作了民意调查的另一个主要页面 result.asp,主要通过下面六个步骤。

　　(1) 制作静态页面。

　　(2) 建立记录集。

　　(3) 向页面绑定动态数据。

　　(4) 为"X％"设置数据格式。

　　(5) 设置表格的动态属性。

　　(6) 添加重复区域服务器行为。

　　其中重点是建立记录集、向页面绑定动态数据、设置表格的动态属性、添加重复区域服务器行为,难点是设置表格的动态属性。

　　使用表格的动态属性制作图示的技巧:图示可采用表格嵌套和表格的动态属性来制作。例如在表格中每一行的第 2 列使用图示,则需要把第 2 列的单元格设置为不同的背景颜色如灰色,并在其中嵌套一个 1 行 1 列的小表格,这个小表格的背景色设置要和该单元格的背景颜色不同如红色,小表格的宽度设置为百分比(相对容纳它的单元格的百分比),并且这个百分比要和对应选项的投票百分比联系起来,那么这个小表格宽度的变化就会根据投票者的数量的变化而变动,也就达到了制作图示的目的。如灰色的部分可以看做投票的总人数,红色可以看做各选项的人数。

自主创新

　　针对该调查表,如图 2.69 所示,建立相应的调查结果显示页。

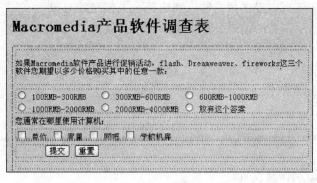

图　2.69

评估

活动任务三评估表

活动任务三评估细则		自评	教师评
1	制作静态页面、建立记录集		
2	向页面绑定动态数据		
3	为"X%"设置数据格式		
4	设置表格的动态属性		
5	添加重复区域服务器行为		
活动任务综合评估			

项目实训　创建民意调查网页

任务背景

　　Microsoft 公司 1994 年正式进入中国市场，在网上出版、多媒体、图形图像等领域都占有重要地位，为了给广大 Macromedia 产品使用者提供最精美完善的软件产品，特意做一个市场调查。在如图 2.69 所示的调查表中加上参与调查者的个人资料，包括：姓名、性别、年龄段。为了给浏览者一个比较直观的印象，在调查结果页中尽量用图示表示。

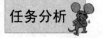
任务分析

　　(1) 该调查表包括的信息包括两大部分：个人资料和个人计算机使用情况。

　　个人资料：姓名、性别（单选）、年龄段（单选）

　　个人计算机使用情况：

　　购买软件能接受的价格（单选）；

　　使用计算机的情况（复选）包括单位、家里、网吧、学校机房；

　　所以该数据表应包括的字段：name（姓名）、sex（性别）、age（年龄）、price（价位）、org（单位）、home（家里）、bus（网吧）、sch（学校机房）。

（2）调查页：在该页中提供用户输入和选择个人信息的对象。

（3）结果页：显示调查的结果。

根据下列步骤依次制作。

（1）数据库设计。

（2）站点建立。

（3）IIS 配置。

（4）调查页面的制作及设置。

（5）结果页的制作。

① 制作静态页面。

② 建立记录集。

③ 向页面绑定动态数据。

④ 为"X％"设置数据格式。

⑤ 设置表格的动态属性。

⑥ 添加重复区域服务器行为。

评估

项目实训评估表

	项目实训评估细则	自评	教师评
1	数据库设计、站点建立、IIS 配置		
2	调查页面的制作及配置		
3	结果页的制作		
4	记录集建立情况		
	项目实训综合评估		

项目三

创建简单聊天室网页
——书店聊天室

职业情景描述

上网聊天除了使用 QQ、MSN 等聊天工具外,还有一个重要的聊天方式,就是基于 Web 的聊天室(即网站为浏览者提供的网上交流和讨论的地方),像各大门户网站的聊天室、体育赛事值班室之类的,都是基于普通聊天室开发的。

通常大家看到的网上聊天,都是比较复杂的,一般包括公共交谈、私密交谈、显示在线人数及名单、各种表情和开辟新的聊天房间等功能。本项目将主要利用 Session 对象建立一个简单的聊天室,通过注册和登录,如图 3.1、图 3.2 所示,实现公共交谈的基本功能,使学习者初步掌握简单聊天室的实现。

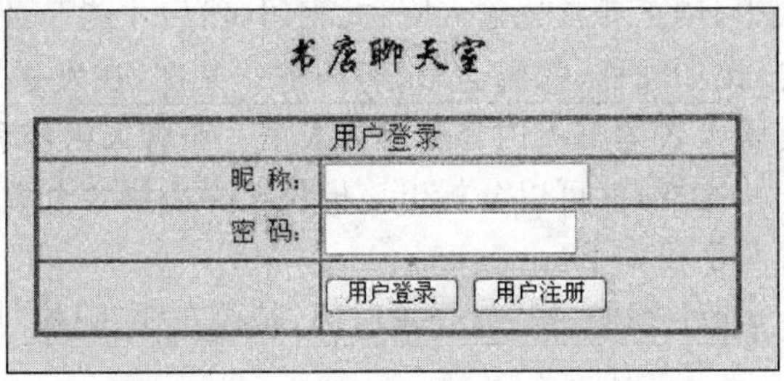

图　3.1

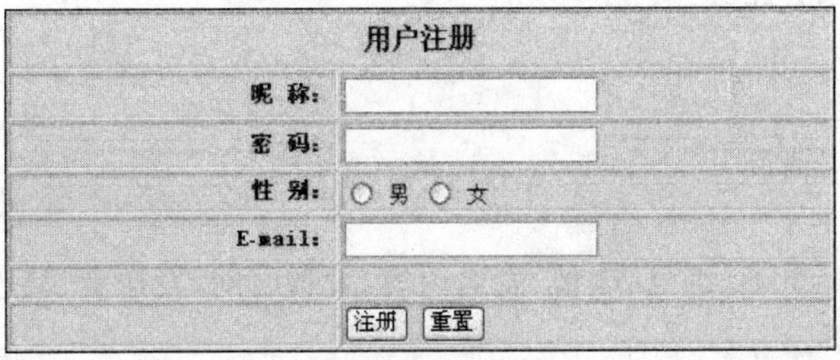

图　3.2

分析：聊天室模块比前面介绍的两个模块要稍微复杂些，除了前面用过的一些对数据库的常规操作方法以外，该模块的页面也相对比较多，更重要的是设计了下面几个新内容。

在本模块中，数据库是核心，所有聊天者发送的聊天内容都保存到数据库中，聊天内容的获取和在线聊天者的名单都是从数据库中读取的。

整个聊天室模块可以划分为以下两个子模块。

（1）发送聊天内容。聊天者输入聊天内容，并保存到数据库中。

（2）实时显示聊天内容。

通过本项目的制作，将学习到以下内容。

- 数据库的建立。
- 框架在网页中的应用。
- 添加服务器行为——记录集（查询），插入记录表单向导。
- 添加标签行为——检查表单。
- Session 的用法。

本项目创建一个简单聊天室。

活动任务一　聊天室网页的数据库设计和数据库连接

任务背景

在聊天室中，所有聊天者发送的聊天内容都要保存到数据库中，具体应该如何设计数据库呢？应先仔细分析该模块中包含的功能，然后大致了解需要用到哪些表、表中应该存储哪些内容、各表之间的关系等。

任务分析

通常在聊天室模块中，浏览者首先输入昵称、密码，然后才能登录聊天室，此时就需要一个表来存放其相关信息，比如昵称、密码、登录时间等。其次，在发送和显示聊天内容时，也需要一个表来存放所有聊天者的聊天内容和聊天表情。而聊天内容和聊天表情一般比较丰富，可以单独建立一个表，这样，就可以分析出该模块至少需要 3 个数据库表。

各表中存储的内容及字段如下。

（1）聊天者信息表 user：编号、密码、登录时间、是否在线、昵称、性别。

各字段说明如下。

ID：自动编号，设为主键

Username：登录者昵称

Psw：登录密码

User-sex：性别

loginTime：登录时间

online：是否在线

（2）聊天内容表 chat：编号、表情、发送内容、发送时间、发送者、接收者。

各字段说明如下。

ID：自动编号，设为主键

Sender-name：发送者

Receiver-name：接收者

Post-content：聊天内容

Post-time：发送时间

Expression：表情

（3）表情表 expression：编号、表情。

Expression：表情

ID：编号

任务实施

一、建立数据库

（1）启动 Microsoft Access 2003，出现如图 3.3 所示的界面。

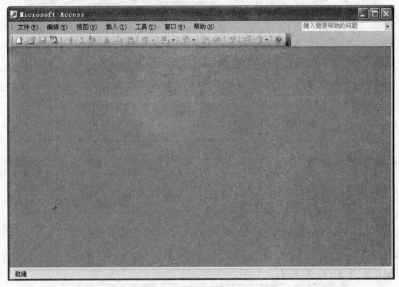

图 3.3

（2）执行"文件"菜单中的"新建"命令，调出"新建文件"任务窗格，如图 3.4 所示。

（3）单击右侧任务窗格中的"空数据库"选项，出现如图 3.5 所示的"文件新建数据库"对话框。

（4）在"保存位置"下拉列表中选择 F:\mysite\chat 文件夹，单击"新建文件夹"按钮，打开"新文件夹"对话框，输入 database，单击"确定"按钮。

（5）在"文件名"列表框中输入 data.mdb，单击"创建"按钮，如图 3.6 所示。

图 3.4

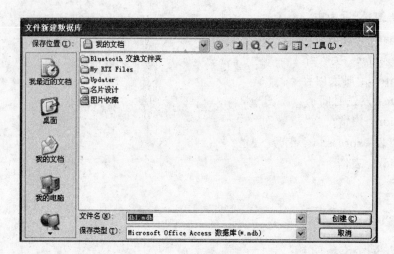

图　3.5

图　3.6

（6）双击"使用设计器创建表"选项，如图 3.7 所示。

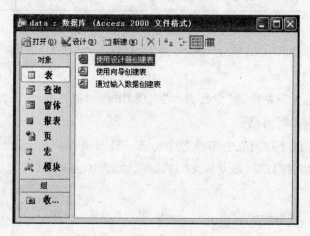

图　3.7

（7）在表1中，单击"字段名称"下的单元格，输入ID；单击"数据类型"下的单元格，再单击单元格右侧的下三角按钮，在下拉列表中选择"自动编号"选项，在下方的"字段属性"面板里，将索引值设为"有（无重复）"，用同样的方法，按照聊天者信息表再加入五个字段，设置完成后的界面如图3.8所示。

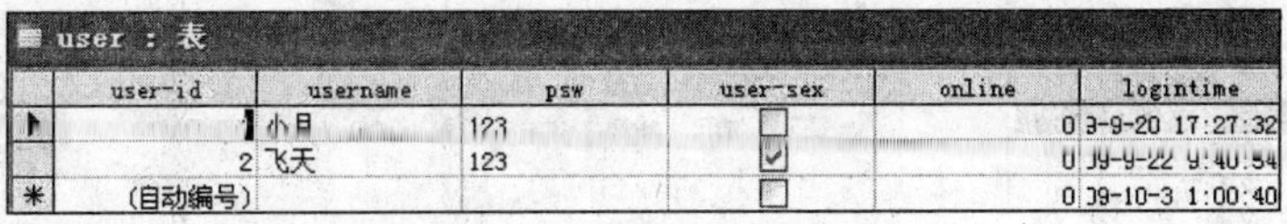

图　3.8

说明：ID的字段属性的索引项选择"有（无重复）"，且设为主键；logintime字段类型为"日期/时间"，在字段属性的"默认值"中输入"now()"，也就是聊天者登录的时间。

（8）单击"文件"菜单中的"保存"选项，出现"另存为"对话框，如图3.9所示，在"表名称"中输入user，单击"确定"按钮。

图　3.9

（9）弹出提示对话框要求设置主键，单击"是"按钮，由系统自动设置主键，如图3.10所示。

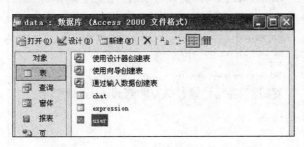

图　3.10

（10）用同样的方法建立chat表和expression表，建好表以后的界面如图3.11所示。

图　3.11

（11）双击user选项，打开该表，观察一下字段，发现系统已经给logintime字段填好了值，是当前时间。假如通过网页登录，也就是在user表中插入一条记录，系统会根据登录的时间，自动插入时间，这样在页面上就不用单独设置一个收集时间的选项，如图3.12所示。

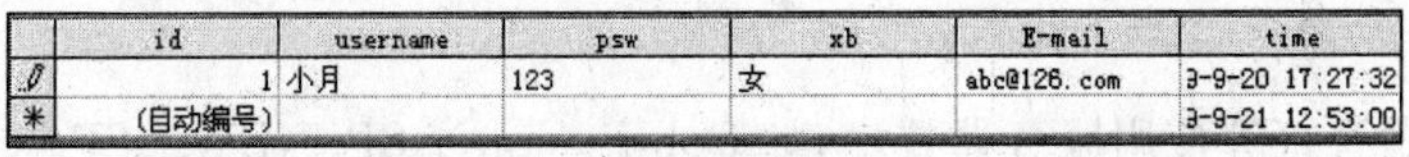

图　3.12

提示：如果要修改数据表结构，可以单击"视图"按钮，切换到"设计"视图下进行修改。如果保存时没有设置主键，现在要设置主键，可以在"设计"视图下，右击要设置主键的字段左边的单元格，在快捷菜单中选择"主键"选项即可，如图 3.13 所示，取消主键的操作方法相同。

图 3.13

图 3.14

二、在 Dreamweaver 中建立站点

（1）启动 Dreamweaver，单击"站点"菜单中的"新建站点"选项，如图 3.14 所示。

（2）在站点定义向导对话框中的"您打算为您的站点起什么名字？"文本框中输入"书店聊天室"，在"您的站点的 HTTP 地址（URL）是什么？"文本框中输入 http://localhost/，如图 3.15 所示，单击"下一步"按钮。

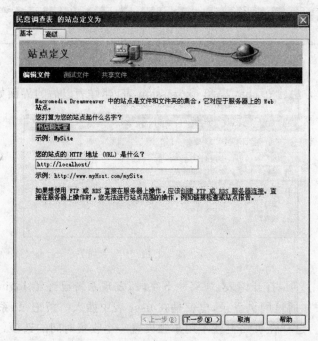

图 3.15

（3）在"您是否打算使用服务器技术，如 ColdFusion、ASP. NET、ASP、JSP 或 PHP？"下选择第二项"是，我想使用服务器技术。"，在"哪种服务器技术？"下拉列表中选择 ASP

VBScript 选项,如图 3.16 所示,单击"下一步"按钮。

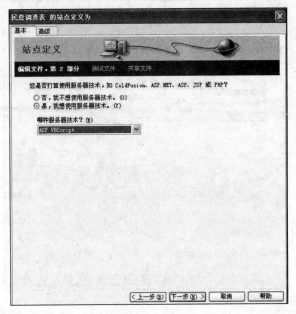

图　3.16

（4）在"在开发过程中,您打算如何使用您的文件?"下选择第一项"在本地进行编辑和测
试(我的测试服务器是这台计算机)",单击"您将把文件存储在计算机上的什么位置?"文本框
后面的文件夹图标,选择 F：\mysite\chat\ 文件夹,如图 3.17 所示,单击"下一步"按钮。

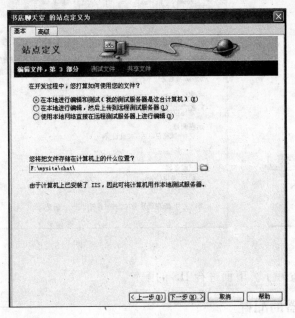

图　3.17

（5）在"您应该使用什么 URL 来浏览站点的根目录?"文本框中输入 http://
localhost/,单击"下一步"按钮,如图 3.18 所示。

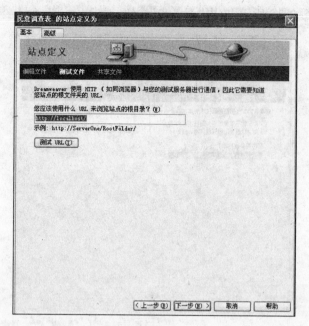

图 3.18

(6) 单击"测试 URL"按钮,结果如图 3.19 所示,单击"确定"按钮。

(7) 单击"下一步"按钮,选中"否"单选按钮,即不使用远程服务器,单击"下一步"按钮,如图 3.20 所示,单击"完成"按钮即可。

图 3.19

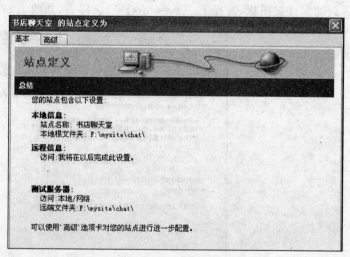

图 3.20

这样站点就设置好了。下面进行 IIS 的配置。

三、IIS 服务器的配置

(1) 单击"控制面板"中的"管理工具"选项,弹出"管理工具"窗口,因为已经安装了 IIS,所以在"管理工具"窗口中显示有"Internet 信息服务"图标,如图 3.21 所示。

(2) 双击"Internet 信息服务"图标,弹出"Internet 信息服务"窗口,如图 3.22 所示。

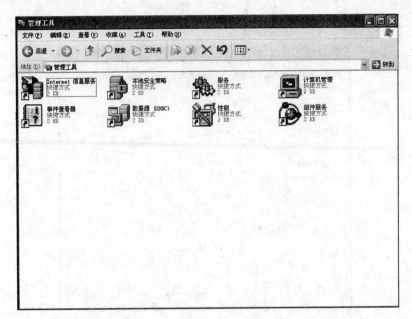

图 3.21

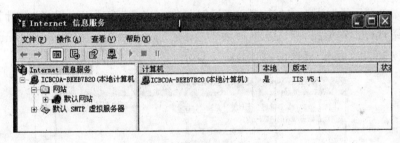

图 3.22

（3）选定"默认网站"选项（如果没有显示"默认网站"，则单击各文件夹前面的"＋"按钮，将文件夹全部展开），右击，在快捷菜单中选择"属性"选项，如图 3.23 所示。

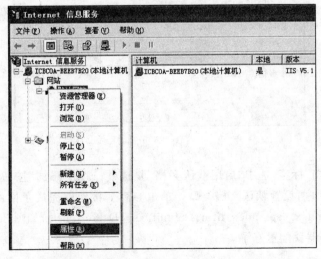

图 3.23

（4）打开"默认网站 属性"对话框，如图 3.24 所示。

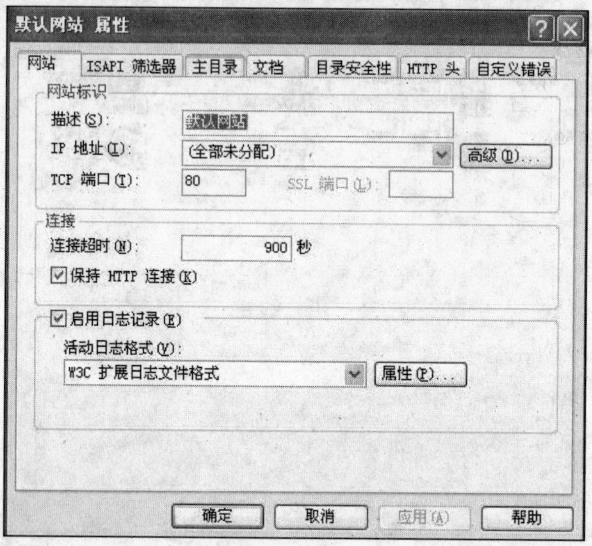

图　3.24

（5）单击"主目录"标签，在"连接到资源时的内容来源"选项组中选择"此计算机上的目录"单选按钮；单击"本地路径"文本框后面的"浏览"按钮，设置路径为 F:\mysite\chat\，选中下面的"读取"和"写入"复选框，如图 3.25 所示。

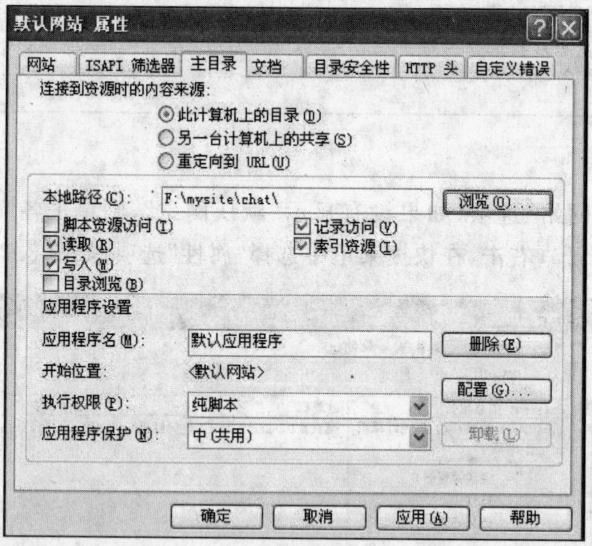

图　3.25

（6）单击"文档"标签，选中"启用默认文档"复选框，通过"添加"按钮、"删除"按钮和上下箭头调整文档顺序，设置默认文档类型。单击"确定"按钮就完成了网站的属性设置。通常情况下设置为 index. asp、index. htm、Default. asp、Default. htm，如图 3.26 所示。

这样 IIS 服务器就配置好了。

图　3.26

四、Dreamweaver 和数据库连接

（1）启动 Dreamweaver，新建一个空白文档，如图 3.27 所示，在右侧的"文件"面板中可以看到 database 目录下的 data.mdb 数据库，现在将 Dreamweaver 和数据库连接起来。

（2）打开"应用程序"卷展栏中的"数据库"面板，单击"＋"按钮，在下拉列表中，有两种建立数据库连接的方法，如图 3.28 所示，这里选择第一种"自定义连接字符串"。

图　3.27

图　3.28

（3）打开"自定义连接字符串"对话框，在"连接名称"文本框中输入 conn；在"连接字符串"文本框中输入："Driver＝{Microsoft Access Driver（＊.mdb）}；Uid＝；Pwd＝；DBQ＝"＆ Server.Mappath("/database/data.mdb")，然后选中"使用测试服务器上的驱动程序"单选按钮，如图 3.29 所示，单击"测试"按钮，看是否测试成功。

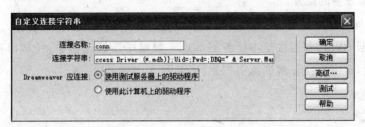

图　3.29

（4）如果测试不成功，显示如图 3.30 所示界面，表示 Dreamweaver 和数据库连接不成功，这时候检查一下"连接字符串"的语法有没有错误，或者看一下数据库是否关闭，若没有关闭则需要关闭。成功则显示如图 3.31 所示界面。

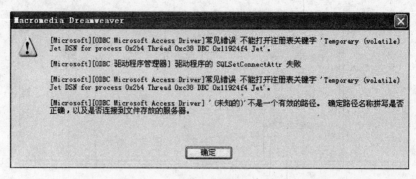

图 3.30

（5）单击"确定"按钮，再单击"自定义连接字符串"对话框中的"确定"按钮，这样就完成了数据库的连接。

提示： 数据库连接成功后，在"数据库"面板中，依次单击 conn 前的"＋"按钮，"表"前的"＋"按钮，userinfo 前的"＋"按钮，就可以看到 userinfo 表中的字段，如图 3.32 所示。如果在 userinfo 表上右击，在快捷菜单中选择"查看数据"选项，就可以看到表中的数据。

图 3.31

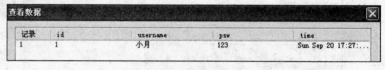

图 3.32

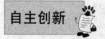

本任务主要根据书店聊天室模块的功能分析，设计数据库并为模块建立做准备。主要完成了下述工作。

（1）建立数据库。

（2）在 Dreamweaver 中建立站点。

（3）IIS 服务器的配置。

（4）数据库连接。

其中，数据库设计和连接是本任务的难点。数据库连接过程中，经常出现一些问题，使得连接不成功，这需要在日常训练中积累经验。

自主创新

（1）收集整理数据库连接过程中的常见问题。

（2）收集和编写聊天表情。

评估

活动任务一评估表

	活动任务一评估细则	自评	教师评
1	建立数据库		
2	在 Dreamweaver 中建立站点		
3	IIS 服务器的配置		
4	数据库连接		
	活动任务综合评估		

活动任务二　设计制作用户登录页面

任务背景

聊天室包括 5 个网页文件,具体内容如下。

chatlogin. asp:登录页面,要求进入聊天室的用户输入自己的昵称和密码。

Reg. asp:注册页面。

Main. asp:框架主页面。

Process. asp:上方框架的来源网页,用于显示聊天内容。

Input. asp:下方框架的来源网页,它用于各个用户输入提交信息,包含一个单文本输入框和一个提交按钮。

任务分析

登录页面 chatlogin. asp 是进入聊天室的第一个页面,它提供一个表单接受用户输入的名字。

任务实施

一、设计制作用户登录页面

(1) 启动 Dreamweaver 8,创建新项目 ASP VBScript,如图 3.33 所示。

(2) 执行"文件"菜单中的"保存"命令,打开"另存为"对话框,保存为 F:\mysite\chat 下的 chatlogin. asp,对话框设置如图 3.34 所示,单击"保存"按钮,这样就创建了一个 chatlogin. asp 页面。

(3) 在页面顶部"标题"后的文本框中输入"书店聊天室",修改页面标题为"书店聊天室",如图 3.35 所示。

(4) 在"属性"面板中,单击"页面属性"按钮,在"页面属性"对话框中把背景颜色设置为 ♯66FF66,单击"确定"按钮,如图 3.36 所示。

图　3.33

图　3.34

图　3.35

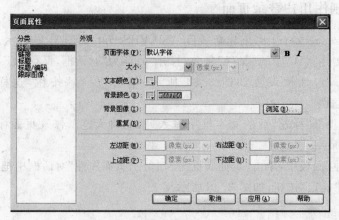

图　3.36

（5）在页面中输入"书店聊天室"并将其选中,在"属性"面板中,单击"字体"右边的下三角按钮,在弹出的下拉列表中选择"编辑字体列表"选项,打开"编辑字体列表"对话框,在"可用字体"列表框中选择"华文行楷"选项,单击左边的"添加"按钮,添加到"选择的字体"文本框中,如图 3.37 所示,单击"确定"按钮。

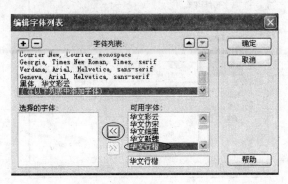

图 3.37

（6）在"属性"面板中,再次单击"字体"右边的下三角按钮,在弹出的下拉列表中选择刚添加的"华文行楷"选项,"大小"设为 24px,单击"居中"对齐按钮,使字体居中,如图 3.38 所示。最终文字设置效果如图 3.39 所示。

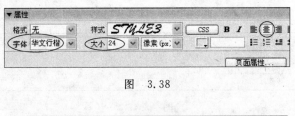

图 3.38

图 3.39

（7）单击"表单"工具栏中的"表单"按钮,插入一个表单,将光标定位在表单中,单击"常用"工具栏中的"表格"按钮,打开"表格"对话框,设置如图 3.40 所示,插入一个 4 行 2 列的表格,"表格宽度"为 600 像素,再返回到"属性"面板设置"对齐"为"居中对齐"。

（8）选中表格第一行的 2 个单元格,单击"属性"面板中的"合并所选单元格,使用跨度"按钮,如图 3.41 所示,合并后的表格如图 3.42 所示。

（9）在表格中输入如图 3.43 所示内容。

（10）在"昵称"后的单元格中插入一个文本字段。方法:单击"表单"工具栏中的"文本字段"按钮。选中该文本字段,在"属性"面板中,设置文本字段的名字为 username,如图 3.44 所示。用同样的方法,在"密码"后的单元格中插入一个文本字段,设置名字为 psw,"类型"为"密码",如图 3.45 所示。

（11）在最后一个单元格中,插入 2 个按钮,分别在"属性"面板中设置为如图 3.46 所示。

（12）设置好的表格如图 3.47 所示。

图 3.40

图 3.41

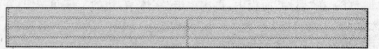

图 3.42

图 3.43

图 3.44

图 3.45

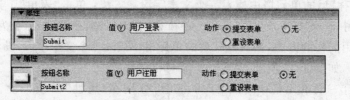

图 3.46

图　3.47

二、添加服务器行为和标签行为

对这个页面的主要操作就是添加一个服务器行为和一个标签行为，使得单击"用户登录"按钮提交表单时，表单的数据能和数据表中的数据对比验证，单击"用户注册"按钮，能够打开设置的浏览器窗口进行注册。

（1）切换到"服务器行为"面板，单击"＋"按钮，在弹出的菜单中执行"用户身份验证"下的"登录用户"命令，如图 3.48 所示。

（2）打开"登录用户"对话框进行设置，如图 3.49 所示，最后单击"确定"按钮。

（3）选中"用户注册"按钮，打开"标签"卷展栏中的"行为"面板，单击添加行为按钮"＋"，选择"打开浏览器窗口"选项，如图 3.50 所示。

（4）打开"打开浏览器窗口"对话框，设置如图 3.51 所示。

图　3.48

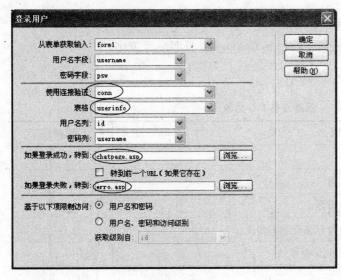

图　3.49

图　3.50

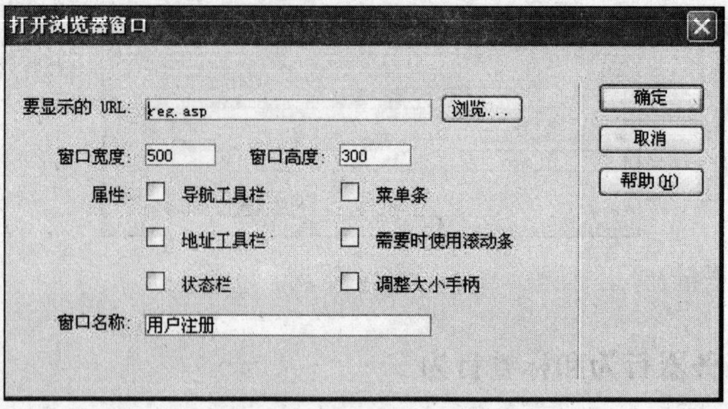

图 3.51

（5）按 Ctrl＋S 组合键，保存对该页的修改，关闭本页。

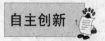

本任务制作了书店聊天室的一个基本页面 chatlogin.asp，主要通过下面两个步骤来完成。

一、设计制作用户登录页面

运用的知识：插入表单和表格，设置表单元素的属性，设置网页的背景颜色。

二、添加服务器行为和标签行为

运用的知识：添加服务器行为——用户身份验证；为"用户注册"按钮添加标签行为——打开浏览器窗口。

在掌握了本任务基本知识的前提下，对 chatlogin.asp 页面进行美化。

评估

活动任务二评估表

活动任务二评估细则		自评	教师评
1	设计制作用户登录页面		
2	"用户身份验证"的相关设置		
3	"打开浏览器窗口"的相关设置		
4	了解可添加的服务器行为和标签行为的情况		
活动任务综合评估			

活动任务三　注册页面 reg. asp 的制作

任务背景

从图 3.1 可以看出,如果用户还没有注册,就不能登录聊天室,当用户单击"用户注册"按钮时,网页就跳转到注册页面 reg. asp,本任务就是要完成注册页面的制作。

任务分析

从图 3.2 可以看出,用户在表单内填写完注册信息后,单击"用户注册"按钮,用户填写的信息应该存储到相应的数据库表中。在本任务中,除了建立本页面的静态部分外,还需要添加服务器行为——插入记录。

任务实施

一、制作静态页面

(1) 启动 Dreamweaver,单击"打开最近项目"中的 chat/chatlogin. asp 选项,如图 3.52 所示,打开站点中的 chatlogin. asp。

(2) 在"文件"面板中,右击"站点-书店聊天室",在快捷菜单中选择"新建文件"选项,在站点目录下创建一个文件,如图 3.53 所示,输入文件名 reg. asp,按 Enter 键,这样就建立了 reg. asp 文件。

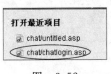

图　3.52

图　3.53

(3) 双击 reg. asp 图标,打开该文件。在"属性"面板中,单击"页面属性"按钮,在"页面属性"对话框中把背景颜色设置为♯66FF66,单击"确定"按钮,如图 3.54 所示。

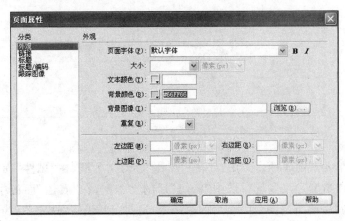

图　3.54

（4）单击"表单"工具栏中的"表单"按钮，插入表单。

（5）单击"常用"工具栏中的"表格"按钮，打开"表格"对话框，设置如图 3.55 所示，插入一个 7 行 2 列、宽度为 500 像素的表格，在"属性"面板中设置"对齐"为"居中对齐"。

图　3.55

（6）选中第 1 行的 2 个单元格，单击"属性"面板中的"合并所选单元格，使用跨度"按钮，合并单元格，效果如图 3.56 所示。

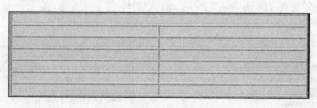

图　3.56

（7）在表格中输入内容，并插入相应的表单元素。分别在"昵称"、"密码"、"E-mail"后插入一个文本字段，"性别"后插入 2 个单选按钮，在最后单元格中插入两个按钮，如图 3.57 所示。

图　3.57

（8）设置表单元素的属性。方法：选中"昵称"后的文本框，在"属性"面板中设置"文本域"为 username，"类型"为"多行"；选中"密码"后的文本框，在"属性"面板中设置"文本域"为 psw，"类型"为"密码"；选中"性别"后的第一个单选按钮，设置"选定值"为男，选中第二个单选按钮,设置"选定值"为女;设置"E-mail"的"文本域"为 E-mail;选中第 1 个按钮,在"属性"面板中将"值"设为注册,"动作"设为"提交表单",选中第 2 个按钮,"动作"设为"重置表单"。设置后的效果如图 3.58 所示。

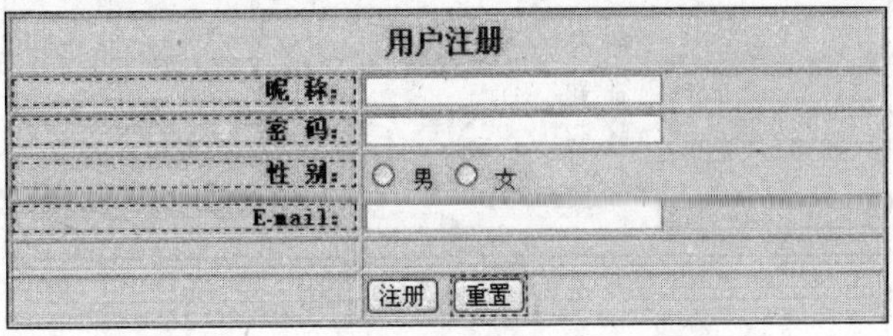

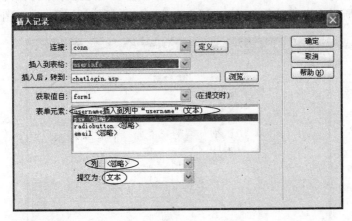

图　3.58

(9) 适当调整表格的大小。

静态部分已经完成,下面要添加服务器行为——插入记录。

二、插入记录和添加行为

(1) 在"服务器行为"面板中,单击"+"按钮,在下拉列表中执行"插入记录"命令,打开"插入记录"对话框,设置如下。

"连接":conn;

"插入到表格":userinfo;

"插入后,转到":chatlogin.asp(可以在文本框中直接输入,如果该页已经建立,也可以通过单击后面的"浏览"按钮来选择),如图 3.59 所示;

图　3.59

"获取值自":form1;

"表单元素":先选择 username,再单击下面"列"的下三角按钮,在弹出的列表中选择 username 字段,用同样的方法,在"表单元素"中选择 psw,在"列"下拉列表中选择 psw,"提交为"选择"文本";在"表单元素"中选择 radiobutton,在"列"下拉列表中选择 xb,"提交为"选择"文本";在"表单元素"中选择 email,在"列"下拉列表中选择 email,"提交为"选择"文本",单击"确定"按钮。

提示:这样设置的结果,就是把用户输入的资料插入到数据库表 userinfo 的相应字段中，所以设置的"提交为"的数据类型应该和数据库表的相应字段的数据类型一致。

（2）保存页面，按 F12 键预览，如图 3.60 所示。

图　3.60

（3）单击"注册"按钮，提交表单，转到聊天室登录页面，如图 3.61 所示。

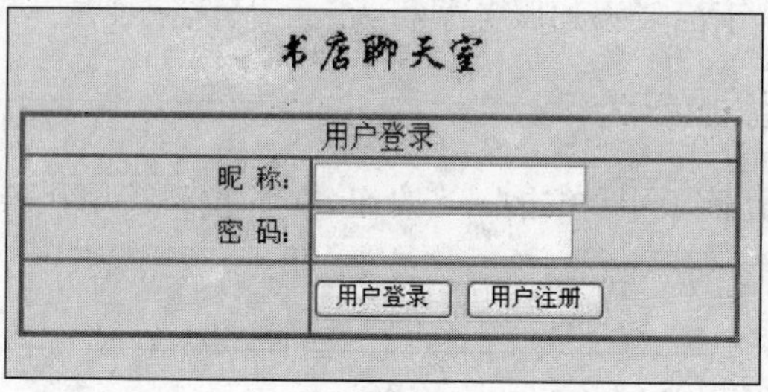

图　3.61

（4）在登录页面中输入注册的资料，单击"用户登录"按钮，将转到聊天页面，因为该页面还没有建立，所以会出错。如果单击"用户注册"按钮，转到注册页面，如图 3.62 所示。

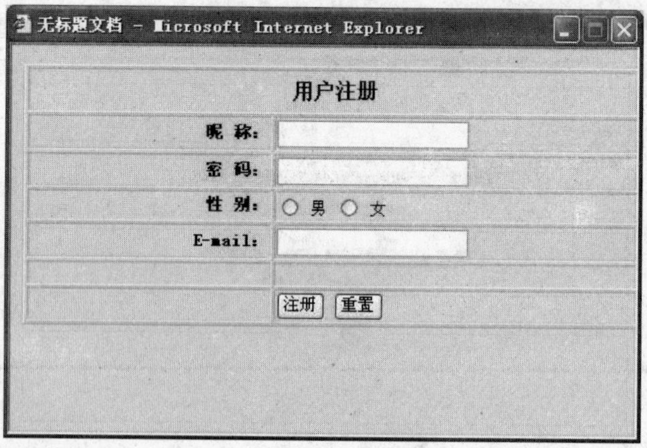

图　3.62

（5）选中表单，打开"标签"卷展栏中的"行为"面板，单击添加行为按钮"＋"，执行"检查表单"命令，如图 3.63 所示。

（6）打开"检查表单"对话框，在"命名的栏位"文本框中有三项需要设置，如图 3.64 所示。单击选择每一项，同时选中"必需的"复选框。当选择"文本'email'在表单'form1'"时，除了选中"必需的"复选框，还要选中"电子邮件地址"单选按钮，设置完成后，单击"确定"

按钮。

(7) 按 Ctrl＋S 组合键,保存该页设置。

图　3.63

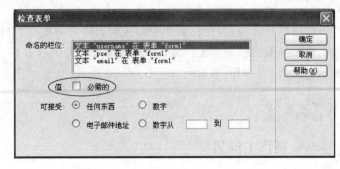

图　3.64

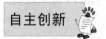

本任务制作了书店聊天室的注册页面 reg.asp,主要通过下面两个步骤来完成。

(1) 制作静态页面。

(2) 添加"插入记录"和"检查表单"行为。

本任务的重点是"插入记录"和"检查表单"对话框的设置。

注意:"表单元素"、"列"、"提交为"三部分的设置顺序,"表单元素"、"列"、"提交为"要对应起来,设置的数据类型应该和数据库表的相应字段的数据类型一致。

通过网络搜索一些登录注册页面,对比分析,借鉴好的地方。在掌握本任务的基础上,继续设计美化注册登录页面。

评估

活动任务三评估表

	活动任务三评估细则	自评	教师评
1	制作静态页面		
2	插入记录		
3	插入行为		
4	设计美化注册登录页面情况		
	活动任务综合评估		

活动任务四　聊天室制作

在用户聊天时,最基本的要求就是要能提交自己的发言内容,并且能看到在线聊天内容。

 任务分析

在用户聊天时，需要在页面中输入聊天内容并提交，且能显示聊天信息。这就需要建立一个聊天界面的框架主文件 main. asp，输入聊天内容并提交框架的来源网页为 input. asp，显示聊天信息框架的来源网页为 process. asp。

 任务实施

一、制作主框架页

（1）启动 Dreamweaver，新建一个 VBScript 动态页面，在"布局"工具栏中，单击"框架"右边的下三角按钮，如图 3.65 所示。

图　3.65

（2）选择"底部框架"选项，打开"框架标签辅助功能属性"对话框，如图 3.66 所示，单击"确定"按钮。

（3）执行"文件"菜单中的"保存全部"命令，如图 3.67 所示，根据页面的框选部分，依次保存为 main. asp（框架主文件）、process. asp（输入聊天内容并提交框架的来源网页）、input. asp（显示聊天信息框架的来源网页）。

图　3.66

图　3.67

二、上方框架页的制作

（1）双击"文件"面板中的 process. asp，打开该文件。在"属性"面板中，单击"页面属性"按钮，在"页面属性"对话框中把背景颜色设置为♯FFCCFF，单击"确定"按钮。

（2）单击"服务器行为"面板中的"＋"按钮，执行"记录集（查询）"命令，打开"记录集"对话框，设置如图 3.68 所示。

（3）单击"测试"按钮，打开"请提供一个测试值"对话框，在"测试值"文本框中输入一个数据库中存在的值，如"小月"，如图 3.69 所示。

（4）单击"确定"按钮，打开"测试 SQL 指令"对话框，如图 3.70 所示。

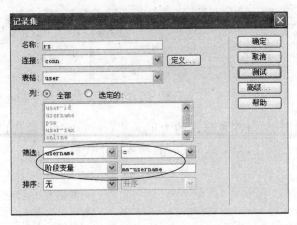

图　3.68

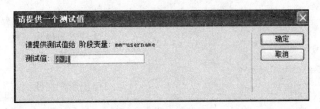

图　3.69

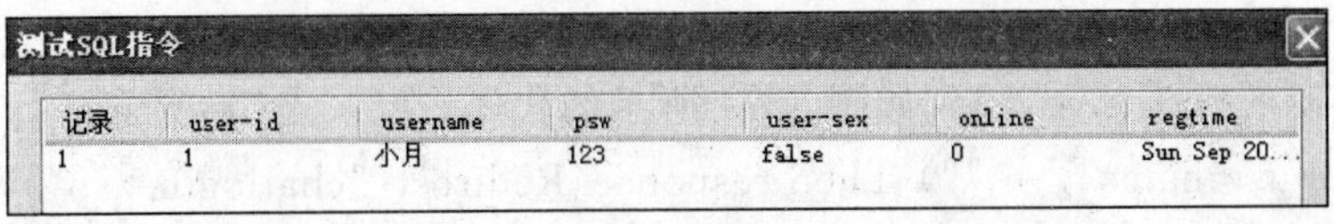

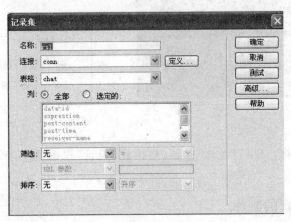

图　3.70

（5）按照步骤（2）再创建一个记录集，设置如图 3.71 所示。

图　3.71

（6）单击"服务器行为"面板中的"记录集（rs1）"选项，在"文档"窗口中单击"代码"按钮，如图 3.72 所示，切换到"代码"视图。

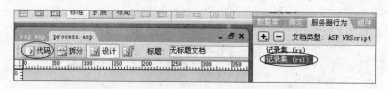

图 3.72

(7) 在"代码"视图中,呈深色显示的为记录集(rs1)相对应的代码,在最后一行"rs1_numRows ＝ 0"后另起一行,如图 3.73 所示,输入以下代码。

```
<%
RS1.addnew                                          '向数据表 CHAT 添加记录
RS1("sender-name")=session("MM-username")           '记录发送者
RS1("receivername")="大家"                           '记录聆听者
RS1("expression")="大踏步地走进聊天室"               '记录表情

RS1("post-content")="各位朋友,你们好,俺这厢有礼了"   '记录聊天内容
RS1.update                                          '进行添加操作
RS1.close()                                         '完成添加
session("login-time")=now()
RS("online")="true"                                 '标记用户在线
RS1.update
RS1.close()
response.Redirect("main.asp")                        '进入聊天主窗口
%>
```

(8) 在代码的开头部分,找到如图 3.74 所示的代码,在"＜％"后另起一行,输入代码"If (Session("mm-username")＝ "") Then response. Redirect("chatlogin. asp")",这句代码的作用是防止用户通过 URL 访问本页面。

```
<%
Dim rs1
Dim rs1_numRows

Set rs1 = Server.CreateObject("ADODB.Recordset")
rs1.ActiveConnection = MM_conn_STRING
rs1.Source = "SELECT * FROM chat"
rs1.CursorType = 0
rs1.CursorLocation = 2
rs1.LockType = 1
rs1.Open()

rs1_numRows = 0
```

图 3.73

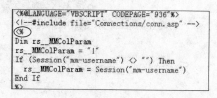

图 3.74

(9) 单击"文档"窗口中的"设计"按钮,切换到"设计"视图,按 Ctrl＋S 组合键,保存该页面。

三、下方框架页的制作

(1) 双击"文件"面板中的 input. asp,打开该文件。在"属性"面板中,单击"页面属性"按钮,在打开的"页面属性"对话框中把背景颜色设置为＃66FF66,单击"确定"按钮。

(2) 单击"服务器行为"面板中的"＋"按钮,执行"记录集(查询)"命令,打开"记录集"对

话框,设置如图 3.75 所示。

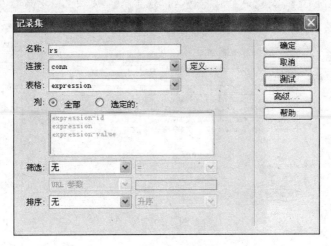

图　3.75

(3) 选择"插入"→"应用程序对象"→"插入记录"→"插入记录表单向导"选项,打开"插入记录表单"对话框,在"连接"下拉列表中选择 conn,在"插入到表格"下拉列表中选择 chat 项,"表单字段"先通过"+"、"-"按钮删除不必要的字段,只剩下 expression、post-content、receiver-name、sender-name 四个字段,如图 3.76 所示。

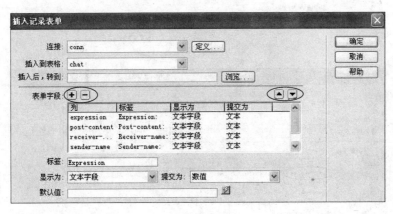

图　3.76

(4) 单击 expression 字段,在"显示为"下拉列表中选择"菜单"选项,单击"菜单属性"按钮,如图 3.77 所示。

(5) 打开"菜单属性"对话框,在"填充菜单项"选项组选中"来自数据库"单选按钮,在"记录集"下拉列表中选择 rs 选项,在"获取标签自"下拉列表中选择 expression 选项,在"获取值自"下拉列表中选择 expression-id 选项,单击"确定"按钮,如图 3.78 所示。

(6) 回到"插入记录表单"对话框,在"表单字段"列表框中单击 expression 选项,在"标签"文本框中将 expression 改为"表情",将 post-content 改为"说",receiver-name 改为"对",如图 3.79 所示。

(7) 选择 sender-name,在"显示为"下拉列表中选择"隐藏域"选项,在"默认值"文本框中输入<%=Session("mm-username")%>,如图 3.80 所示。

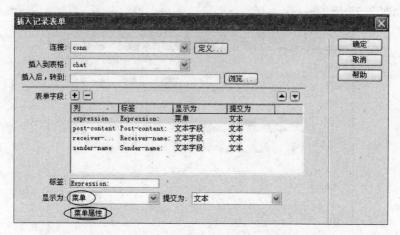

图　3.77

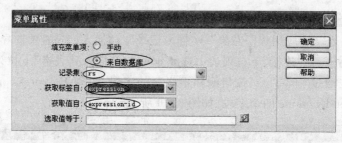

图　3.78

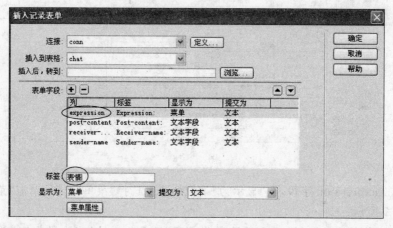

图　3.79

　　（8）在"表单字段"中选择相应字段，通过单击上下箭头调整字段顺序，调整好后的顺序如图 3.81 所示，这四个字段连起来就是：阶段变量（如刚登录的小月）以什么表情对大家说什么话。

　　（9）设置完成后，"服务器行为"面板如图 3.82 所示。

　　（10）"文档"窗口如图 3.83 所示。选中所有表格，在"属性"面板中单击"合并所选单元格，使用跨度"按钮，将两个表格合并。

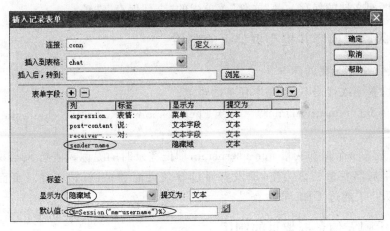

图 3.80

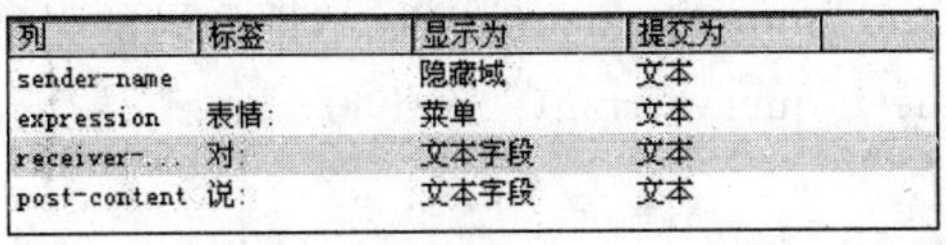

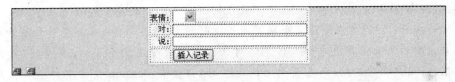

图 3.81 图 3.82

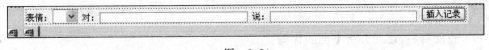

图 3.83

（11）合并后的表格如图 3.84 所示。

图 3.84

（12）单击"对："后的文本框，在"属性"面板中将"字符宽度"改为 10，在"初始值"文本框中输入＜％＝request.querystring("receiver-name")％＞。

（13）单击"插入记录"按钮，在"属性"面板中将"值"改为"发送"。

（14）按 Ctrl＋S 组合键，保存该页面。

本任务制作了书店聊天室的最主要的部分——主框架页面和构成框架的两个页面，主要通过下面三个步骤来完成。

一、制作主框架页

知识点：主框架页的建立——"布局"工具栏中的"框架"按钮。

框架及框架文件的保存——"文件"菜单中的"全部保存"选项。

二、输入聊天内容并提交框架页的制作

知识点：2个记录集的建立。

在相应位置插入代码，这也是本任务的难点。

"If (Session("mm-username")= "") Then response. Redirect("chatlogin. asp")"代码作用：

Session 定义一个局部变量 mm-username，即把登录时的昵称赋值给 Session，这句代码的意思是如果局部变量的值为空，即没有通过登录页面登录，就转向登录页面 chatlogin. asp，这样就防止了通过 URL 非法登录。

三、显示聊天信息框架页的制作

知识点："插入记录表单向导"的设置，在其中设置了2个动态数值。

- sender-name 的"默认值"<%＝Session("mm-username")%＞，即登录的昵称。
- receiver-name 的"初始值"<%＝request. querystring("receiver-name")%＞。

补充知识：ASP 对象及其功能。

（1）Response：将信息从服务器发送到浏览器。

（2）Request：将信息从浏览器提交到服务器。信息来自浏览器端的表单（form）或传递的参数（如 ID）。

（3）Session：访问者在到达某个网页的一段时间内（从生成 Session 变量到清除），服务器为用户分配的用来保存用户个人信息的对象。在网页中定义 Session 变量，可存储不同用户的信息；用户登录网站后，在页面之间跳转时，存储在 Session 变量中的个人信息不会被清除；为了限制某些特定页的访问权限，常在登录后将用户信息写入 Session 对象，在限制访问页中通过验证 Session 变量的方法检查用户是否登录。

自主创新

（1）查阅资料，逐句分析下面的代码。

```
<%
RS1.addnew                                    '向数据表 CHAT 添加记录
RS1("sender-name")=session("MM-username")     '记录发送者
RS1("receivername")="大家"                     '记录聆听者
RS1("expression")="大踏步地走进聊天室"           '记录表情

RS1("post-content")="各位朋友,你们好,俺这厢有礼了"  '记录聊天内容
RS1.update                                    '进行添加操作
RS1.close()                                   '完成添加
session("login-time")=now()
RS("online")="true"                           '标记用户在线
RS1.update
RS1.close()
response.Redirect("main.asp")                 '进入聊天主窗口
%>
```

（2）将赋值改变一下，提交发言，观看效果。

 评估

活动任务四评估表

活动任务四评估细则		自评	教师评
1	制作主框架页		
2	上方框架页的制作		
3	上方框架页的制作		
活动任务综合评估			

项目实训　改进的书店聊天室

 **任务背景**

通常情况下，当用户登录聊天室后，总要看一下有谁在线，有没有自己熟悉的人，这样，我们就需要为聊天室增加显示在线名单和离线处理的功能，如图 3.85 所示。

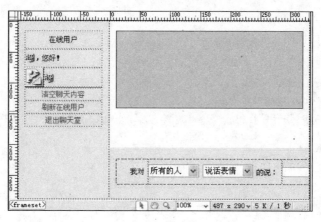

图　3.85

任务分析

（1）框架集的建立有变化：应该应用下方和嵌套的左侧框架。

（2）还要增加一个 list.asp 页，显示在线名单的页面。

（3）设置一个"退出聊天室"的链接，链接到 exit.asp。

任务实施

（1）list.asp 页代码

```
<HTML>
  <HEAD>
```

```
    <META http-equiv=refresh content="5;<%=MySelf%>">
    <TITLE>List</TITLE>
  </HEAD>
  <BODY>
<%
  Application.Lock
  a=Application("user")
%>
  在线名单(<%=ubound(a)+1%>人):<BR>
  <SELECT size=10 style="width: 145px">
    <%For i=0 To ubound(a)%>
      <OPTION value=<%=i%>><%=a(i)%>
    <%Next%>
  </SELECT>
<%
  Application.Unlock
%>
  </BODY>
</HTML>
```

(2) exit.asp 页代码

```
<%
  Application.Lock
  p=Session("UserName")
  a=Application("user")
  n=ubound(a)
  For i=0 To n
    If a(i)=p Then Exit For
  Next
  For k=i To n-1
    a(k)=a(k+1)
  Next
  Redim preserve a(n-1)
  Application("user")=a
  a=Application("Talk")
  n=ubound(a)
  For i=n To 1 Step-1
    a(i)=a(i-1)
  Next
  a(0)="<FONT size=1>(" & time & ")</FONT>" & p & "走了!"
  Application("Talk")=a
  Application.Unlock
%>
<SCRIPT language="VBScript">
  Top.Location="Login.htm"
</SCRIPT>
```

评估

项目实训评估表

项目实训评估细则		自评	教师评
1	登录注册页面的制作情况		
2	框架集的建立情况		
3	process. asp 和 input. asp		
4	list. asp 和 exit. asp		
项目实训综合评估			

项目四

制作留言板——网站留言板

留言系统是一种常见的 BBS 应用,在网络用户交流中起到很大的作用。借助留言板,浏览者可以粘贴留言给板主或其他浏览者。在企业或单位内部的局域网中,留言板提供了员工之间互相交流的场所,也有助于企业收集网站的反馈信息,是企业通过网络收集发布信息的有力工具。对于一般网站上的留言板系统,要求支持对留言内容的查询、更新和删除等操作。本章主要讲述网站中留言系统的创建,包括留言系统分析、数据库表的创建、留言系统各页面的制作等。

分析:留言和其他网站应用程序一样,都是对数据库进行相关操作。如发表留言就是插入记录,显示留言就是提取记录,回复留言就是更新记录,删除留言就是删除记录。

对留言的普通浏览者来说,能够浏览查看当前留言内容,并且能按照时间的降序顺序来查看最新的留言内容;能够发表自己的留言内容。

根据需求分析,下面列出留言系统的总体页面如图 4.1 所示。

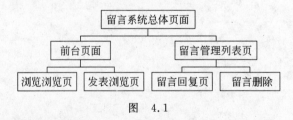

图　4.1

通过本项目的制作,将学习到以下内容。
- Web 服务器设置及在 Dreamweaver 中规划站点,创建相应站点文件夹。
- 学会使用表单元素——单选按钮组作为提交的表单对象。
- 学会根据不同的提交对象创建相应的数据表。
- 掌握数据库的相关操作。
- 学会利用表格的动态属性制作图例。

活动任务一 留言板网页的数据库设计和数据库连接

任务背景

建立留言板系统,通常需要使用数据库来存储留言内容,这样便于对留言进行查询、更新和删除等管理工作。

任务分析

一般情况下,留言系统需要提供一个留言引导页面即留言板主页面,供浏览者输入相应内容,这些内容通常包括留言者姓名、性别、E-mail、留言内容等,有时板主还要对留言进行回复。根据这些需求分析,该数据库至少应该包括一个数据表,该数据表的的字段名称和数据类型如表 4.1 所示。

表 4.1 留言表 message

字段名称	数据类型	说　明
id	自动编号	自动编号
name	文本	留言者姓名
sex	文本	留言者性别
E-mail	文本	留言者的电子邮件地址
title	文本	主题
content	备注	留言内容
time	日期/时间	留言发表的时间
r-content	备注	留言回复内容
r-time	日期/时间	留言回复时间

任务实施

一、建立数据库

(1) 启动 Microsoft Access 2003。

(2) 单击"文件"菜单,在下拉菜单中执行"新建"命令,调出"新建文件"任务窗格,如图 4.2 所示。

(3) 单击右侧任务窗格中的"空数据库"选项,出现如图 4.3 所示的"文件新建数据库"对话框。

(4) 在"保存位置"下拉列表中选择 F:\mysite\message 文件夹,单击"新建文件夹"按钮,打开"新文件夹"对话框,输入 database,单击"确定"按钮。

(5) 在"文件名"下拉列表框中输入 data.mdb,单击"创建"按钮,如图 4.4 所示。

图 4.2

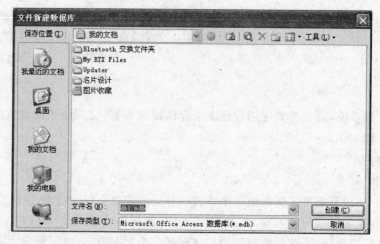

图　4.3

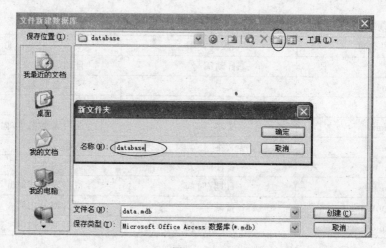

图　4.4

（6）双击"使用设计器创建表"选项，如图 4.5 所示。

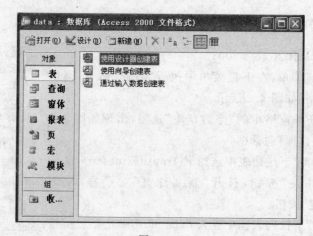

图　4.5

（7）在表 1 中，单击"字段名称"下的单元格，输入 id；单击"数据类型"下的单元格，再单击单元格右侧的下三角按钮，在下拉菜单中选择"自动编号"选项，在下方的"字段属性"面板里，将索引值设为"有（无重复）"，同样，按照用户表设置下列内容，输入完成后的界面如图 4.6 所示。

说明：ID 的字段属性的索引项选择"有（无重复）"选项，设该字段为主键；在留言表 message 中的 time 字段中应该保存留言被存入数据库时的时间，可以在 Access 中将其默认值设置为函数 now()，这样当记录被保存时，都会自动获取留言时的时间，并自动存入表中。单击"文件"菜单下的"保存"选项，出现"另存为"对话框，在"表名称"文本框中输入 message，如图 4.7 所示，单击"确定"按钮。

图　4.6　　　　　　　　　　　　　　　　　　图　4.7

（8）弹出提示对话框要求设置主键，单击"是"按钮，由系统自动设置主键，如图 4.8 所示。

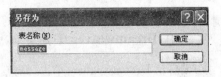

图　4.8

（9）这样就建好了"网站留言板"所需要的数据库，单击"关闭"按钮，关闭该表，如图 4.9 所示。

（10）双击 message 选项，打开该表，观察字段，发现系统已经给 time 字段填好了值，是当前时间。假如浏览者提交留言，也就是在 message 表中插入一条记录，系统会根据浏览者提交的时间，自动插入时间，这样在页面上就不用单独设置一个收集时间的选项，如图 4.10 所示。

图　4.9

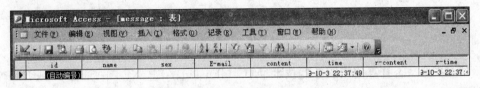

图　4.10

提示：如果要修改数据表结构，可以单击"视图"按钮切换到"设计"视图下进行修改。如果保存时没有设置主键，现在若要设置主键，可以在"设计"视图下，右击要设置主键的字段左边的单元格,在快捷菜单中选择"主键"选项即可,如图 4.11 所示,取消主键的操作方法相同。

图 4.11   图 4.12

二、在 Dreamweaver 中建立站点

(1) 启动 Dreamweaver,单击"站点"菜单中的"新建站点"选项,如图 4.12 所示。

(2) 在站点定义向导对话框的"您打算为您的站点起什么名字?"文本框中输入"留言板",在"您的站点的 HTTP 地址(URL)是什么?"文本框中输入 http://localhost,如图 4.13 所示,单击"下一步"按钮。

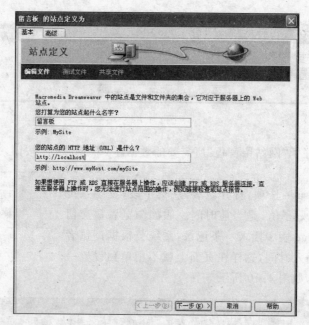

图 4.13

(3) 在"您是否打算使用服务器技术,如 ColdFusion、ASP.NET、ASP、JSP 或 PHP?"下选择第二项"是,我想使用服务器技术。",在"哪种服务器技术?"下拉列表中选择 ASP VBScript 选项,如图 4.14 所示,单击"下一步"按钮。

(4) 在"在开发过程中,您打算如何使用您的文件?"下选择第一项"在本地进行编辑和测试(我的测试服务器是这台计算机)",单击"您将把文件存储在计算机上的什么位置?"文本框

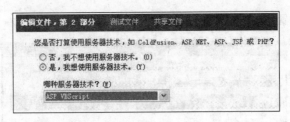

图 4.14

后面的文件夹图标,选择 F:\mysite\message 文件,如图 4.15 所示,单击"下一步"按钮。

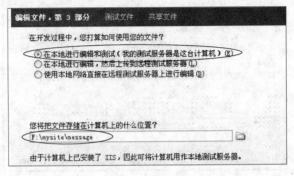

图 4.15

(5) 在"您应该使用什么 URL 来浏览站点的根目录?"文本框中输入 http://localhost/,单击"测试"按钮,如测试成功,结果如图 4.16 所示,单击"确定"按钮,再单击"下一步"按钮。

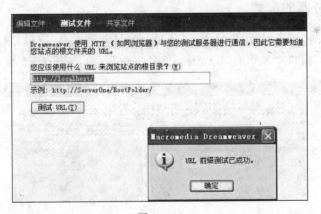

图 4.16

(6) 选中"否"单选按钮,单击"下一步"按钮,如图 4.17 所示。

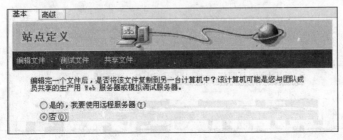

图 4.17

（7）检查站点设置，单击"完成"按钮即可，如图 4.18 所示。

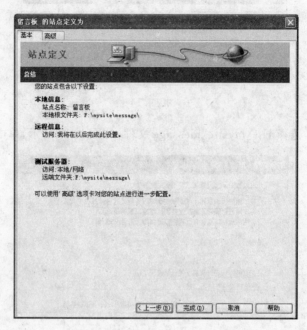

图　4.18

这样站点就设置好了。下面进行 IIS 的配置。

三、IIS 服务器的配置

（1）单击"控制面板"中的"管理工具"选项，弹出"管理工具"窗口，因为已经安装了 IIS，所以在"管理工具"窗口中显示有"Internet 信息服务"图标，如图 4.19 所示。

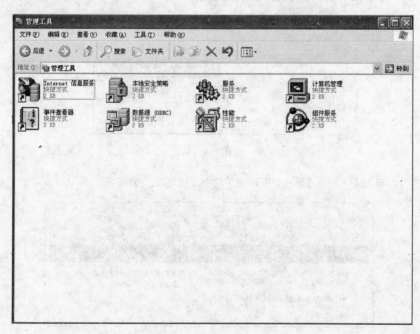

图　4.19

（2）双击"Internet 信息服务"图标，弹出"Internet 信息服务"窗口，如图 4.20 所示。

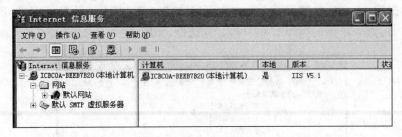

图　4.20

（3）选定"默认网站"选项（如果没有显示"默认网站"选项，则单击各文件夹前面的"＋"按钮，将文件夹全部展开），右击，在快捷菜单中选择"属性"选项，如图 4.21 所示。

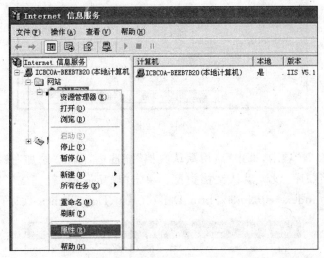

图　4.21

（4）打开"默认网站 属性"对话框，如图 4.22 所示。

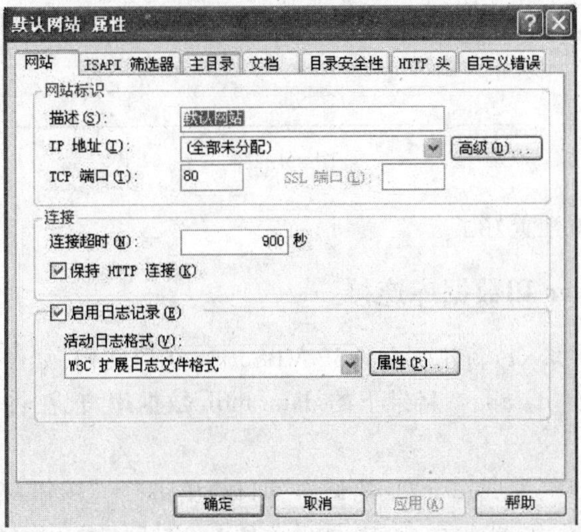

图　4.22

（5）打开"主目录"选项卡，在"连接到资源时的内容来源"选项组中选择"此计算机上的目录"单选按钮；单击"本地路径"文本框后面的"浏览"按钮，设置路径为 F：\mysite\message\文件，选中下面的"读取"和"写入"复选框，如图 4.23 所示。

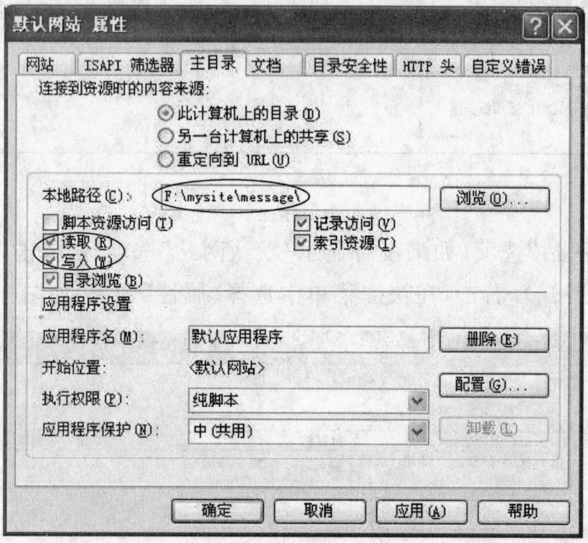

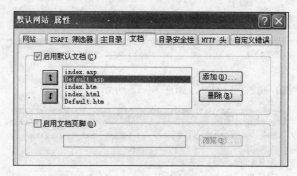

图　4.23

（6）打开"文档"选项卡，选中"启用默认文档"复选框，单击"添加"按钮、"删除"按钮和上下箭头调整文档顺序，设置默认文档类型。单击"确定"按钮就完成了网站的属性设置。通常情况下设置为 index.asp、index.htm、Default.asp、Default.htm，如图 4.24 所示。

图　4.24

这样 IIS 服务器就配置好了。

四、Dreamweaver 和数据库连接

（1）启动 Dreamweaver，新建一个 ASP VBScript 空白文档，如图 4.25 所示，在右侧的"文件"面板中可以看到 database 目录下的 data.mdb 数据库，现在将 Dreamweaver 和数据库连接起来。

（2）打开"应用程序"卷展栏中的"数据库"面板，单击"＋"按钮，在下拉列表中，有两种建立数据库连接的方法，如图 4.26 所示，这里选择第一种"自定义连接字符串"。

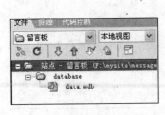

图　4.25　　　　　　　　　　　　　　图　4.26

（3）打开"自定义连接字符串"对话框，在"连接名称"文本框中输入 conn；在"连接字符串"文本框中输入："Driver＝{Microsoft Access Driver（＊.mdb)};Uid＝;Pwd＝;DBQ＝" & Server. Mappath("/database/data. mdb")，然后选中"使用测试服务器上的驱动程序"单选按钮，如图 4.27 所示，单击"测试"按钮，看是否测试成功。

图　4.27

（4）如果测试不成功，显示如图 4.28 所示界面，表示 Dreamweaver 和数据库连接不成功，这时检查"连接字符串"的语法有没有错误。如果测试成功，则弹出如图 4.29 所示界面。

图　4.28

（5）单击"确定"按钮，再单击"自定义连接字符串"对话框中的"确定"按钮，这样就完成了数据库的连接。

　　提示：数据库连接成功后，在"数据库"面板中，依次单击 conn 前的"＋"按钮，"表"前的"＋"按钮，investigate 前的"＋"按钮，就可以看到 investigate 表中的字段，如图 4.30 所示。如果在 investigate 表上右击，在快捷菜单中选择"查看数据"选项，就可以看到表中的数据。

图 4.29

图 4.30

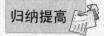

本任务根据留言板的功能分析,设计建立数据库。主要完成了下述工作。

(1) 建立数据库。

(2) 在 Dreamweaver 中建立站点。

(3) IIS 服务器的配置。

(4) Dreamweaver 和数据库连接。

其中数据库设计至关重要,这需要学习数据库的相关知识并在实践中慢慢积累经验。

补充知识:对于一个小规模的留言板系统,也可以不使用数据库而是用一个文本文件来存储留言内容,这种方式不支持对留言内容的查询、更新等操作,但方便快捷,对于生命周期较短的临时留言系统来说,其功能足够使用。

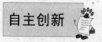

在 Dreamweaver 中运行程序时,尝试分析出现下面错误的原因。

(1) Microsoft OLE DB Provider for ODBC Drivers 错误'80004005'。

(2) [Microsoft][ODBC Microsoft Access Driver]常见错误 不能打开注册表关键字 'Temporary (volatile) Jet DSN for process 0xaa0 Thread 0x628 DBC 0x2e80064 Jet'。

活动任务一评估表

	活动任务一评估细则	自评	教师评
1	建立数据库		
2	在 Dreamweaver 中建立站点		
3	IIS 服务器的配置		
4	Dreamweaver 和数据库连接		
活动任务综合评估			

活动任务二 前台——留言板制作

任务背景

在留言系统前台页面中,浏览者可以通过留言板发表留言,也可以通过浏览留言页查看留言。

任务分析

留言板是留言板系统的主页面,该页提供若干输入框接受用户输入,需要用到表单元素和插入服务器行为。页面分留言输入框和浏览留言链接两部分,下面来制作一个留言板。

任务实施

一、制作静态页面

(1) 启动 Dreamweaver,创建新项目 ASP VBScript,如图 4.31 所示。

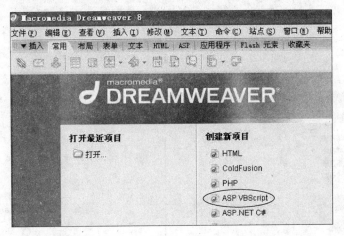

图 4.31

(2) 执行"文件"菜单中的"保存"命令,打开"另存为"对话框,保存为 F:\mysite\message 下的 liuyanban.asp,对话框设置如图 4.32 所示,单击"保存"按钮,这样就创建了一个 liuyanban.asp 页面。

(3) 打开"插入"面板中的"常用"选项卡,单击"表格"按钮,如图 4.33 所示。

(4) 打开"表格"对话框,设置如图 4.34 所示,插入一个 1 行 1 列的表格,"表格宽度"为 760 像素,在"属性"面板中设置"对齐"为"居中对齐"。

(5) 在插入的表格中单击,将光标定位在表格中。打开"插入"面板中的"常规"选项卡,单击"图像"按钮,如图 4.35 所示。

(6) 打开"选择图像源文件"对话框,在"查找范围"下拉列表中选择 F:\mysite\message\images\xm4 文件夹,双击其中的 mbanner.jpg,插入该图像。

图 4.32

图 4.33

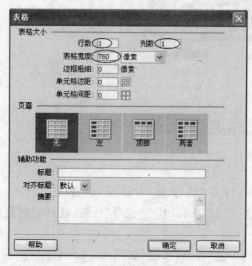

图 4.34

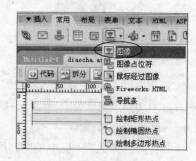

图 4.35

　　(7) 单击"属性"面板中的"页面属性"按钮,在打开的"页面属性"对话框中设置背景颜色为♯FFCCFF,如图 4.36 所示,单击"确定"按钮,这样页面的背景颜色就设置好了。

　　(8) 把光标定位在表格后面,单击"插入"面板中的"表单"标签,单击"表单"按钮,如图 4.37 所示,插入一个表单。

　　(9) 在表单内单击,重复步骤(3)和步骤(4),插入一个 6 行 2 列的表格,如图 4.38 所示。

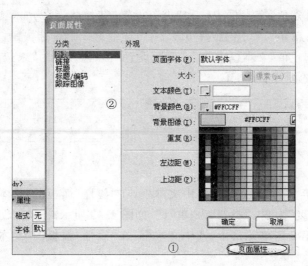

图 4.36

图 4.37

（10）在表的第一列依次输入"姓名"、"性别"、"邮箱"、"主题"、"内容"，选中输入的内容，在"属性"面板中设置"水平"为"右对齐"，在第 2 列中依次插入表单元素：文本字段、单选按钮、文本字段、文本字段、文本区域，完成后的界面如图 4.39 所示。

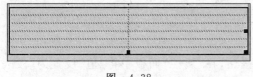

图 4.38

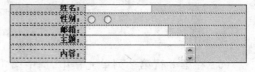

图 4.39

（11）在最后一行的第 2 个单元格中，单击"表单"工具栏中的"按钮"按钮，依次插入两个按钮，如图 4.40 所示。

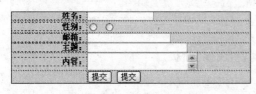

图 4.40

图 4.41

二、设置表单及表单元素的属性

（1）选中"姓名"后的文本框，在"属性"面板的"文本域"文本框中输入 name，设置"字符宽度"为 16，"类型"为"单行"，如图 4.41 所示。

（2）在第 2 行第 2 列单元格中，单击第 1 个单选按钮，在"属性"面板的"单选按钮"文本框中输入 sex,在"选定值"文本框中输入"男",设置"初始状态"为"未选中",如图 4.42 所示,在按钮后拖入站点 image 中的图片 boy.gif。选中第 2 个单选按钮,在"单选按钮"文本框中输入 sex,在"选定值"文本框中输入"女",设置"初始状态"为"未选中",同样在按钮后拖入站点 image 中的图片 girl.gif。

图 4.42

（3）在第 3 行第 2 列单元格中,选中文本框,在"属性"面板的"文本域"文本框中输入 email,设置"字符宽度"为 20,"类型"为"单行",如图 4.43 所示。

（4）在第 4 行第 2 列单元格中,选中文本框,在"属性"面板的"文本域"文本框中输入 title,如图 4.44 所示。

图 4.43   图 4.44

（5）在第 5 行第 2 列单元格中,选中文本区域,在"属性"面板的"文本域"文本框中输入 content,设置"字符宽度"为 40,"行数"为 8,"类型"为"多行",如图 4.45 所示。

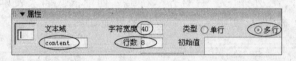

图 4.45

（6）在第 6 行第 2 列单元格中,选中第 1 个按钮,在"属性"面板中将"值"设置为"发表留言","动作"设置为"提交表单",如图 4.46 所示。

图 4.46

（7）选中第 2 个按钮,按照如图 4.47 所示设置"属性"面板。

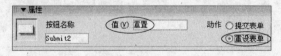

图 4.47

（8）选中表单,单击"行为"面板中的"＋"按钮,在弹出的列表中执行"检查表单"命令,弹出"检查表单"对话框,在对话框中将文本域 name 和 content 的值设置为"必需的","可接受"设置为"任何东西",文本域 email 的值设置为"必需的","可接受"设置为"电子邮件地址",如图 4.48 所示。

（9）单击"确定"按钮,成功添加"检查表单"行为,如图 4.49 所示。

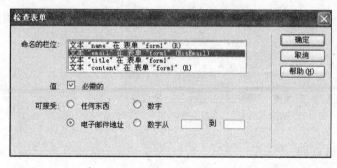

图　4.48　　　　　　　　　　　　　　　图　4.49

三、添加服务器行为——插入记录

留言板的静态部分已经设置好了,下面进行动态部分的设置。在留言板中通过表单提交留言,服务器要把表单的内容提交到数据库中,即在数据库表中插入记录。

（1）切换到"服务器行为"面板,单击"服务器行为"面板中的"＋"按钮,在弹出的列表中执行"插入记录"命令,弹出"插入记录"对话框,在对话框的"连接"下拉列表中选择 conn 选项,"插入到表格"下拉列表中选择 message 选项,"插入后,转到"文本框中输入 liulanliuy . asp,"表单元素"中选择每一项,和后面的"列"、"提交为"一一对应起来,如图 4.50 所示。

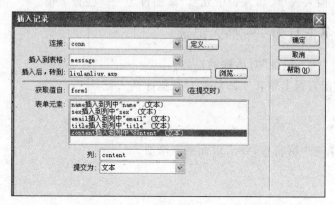

图　4.50

（2）单击"确定"按钮,创建插入记录服务器行为,如图 4.51 所示。

图　4.51

（3）在表格最后一个单元格中的"重置"按钮后，输入"浏览留言"，选中这四个字，在"属性"面板的"链接"下拉列表框中输入 liulanliuy.asp，如图 4.52 所示。

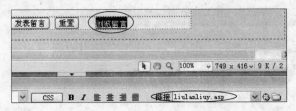

图　4.52

（4）按 Ctrl＋S 组合键，保存该页面。

本任务制作了留言板系统前台的一个关键页面 liuyanban.asp，主要通过下面三个步骤来完成。

一、制作静态页面

运用的知识：插入表格，在表格内插入图片，设置网页的背景颜色。

二、设置表单及表单元素的属性

运用的知识：插入表单，插入表单元素，添加行为——检查表单。

三、添加服务器行为——插入记录

运用的知识："插入记录"对话框的设置。

总的来说，在留言板上留言实际就是对数据库插入记录。

尝试重新制作一个留言板，要求版面清新活泼。

活动任务二评估表

	活动任务二评估细则	自评	教师评
1	制作静态页面		
2	设置表单及表单元素的属性，添加行为		
3	添加服务器行为—— 插入记录		
4	自行设计留言板的情况		
	活动任务综合评估		

活动任务三 前台——浏览留言页的制作

任务背景

对于一个留言板系统前台来说,除了发表留言,还有一个重要功能就是浏览留言。

任务分析

浏览留言页的功能是查看留言,也就是说要将数据表中的留言记录显示出来,这样就需要在该页面中建立记录集和重复区域。

任务实施

一、制作静态页面

(1) 打开网页文档 liuyanban. asp,选中表单,按 Delete 键将其删除,将其另存为 liulanliuy. asp,将光标放置在页面中,单击"常用"工具栏中的"表格"按钮,插入一个 3 行 2 列的表格,选中该表格,在"属性"面板中,设置"表格 id"为 table1,"对齐"为"居中对齐",如图 4.53 所示。

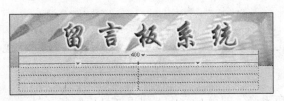

图 4.53

(2) 选中表格 1 的第 1 行单元格,将"背景颜色"设置为 #66CCFF。选中表格第 1 行的第 2 个单元格,单击"属性"面板中的"拆分单元格为行或列"按钮,拆分为 3 列,如图 4.54 所示。

同样,选中第 2 行单元格,单击"属性"面板中的"合并所选单元格,使用跨度按钮。

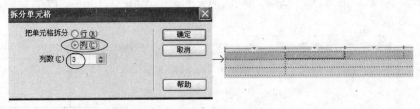

图 4.54

(3) 在表格中依次输入"标题:"、"姓名:"、"性别"、"邮箱"、"内容:"、"[发表时间:]",输入完成后结果如图 4.55 所示。

图　4.55

二、绑定数据

（1）切换到"绑定"面板，在面板中单击"＋"按钮，在弹出的列表中执行"记录集（查询）"命令，弹出"记录集"对话框，在对话框的"名称"文本框中输入 rs，"连接"下拉列表中选择 conn 选项，"表格"下拉列表中选择 message 选项，"列"选项组中选中"全部"单选按钮，"排序"下拉列表中选择 id 和降序选项，如图 4.56 所示。单击"确定"按钮，创建记录集。

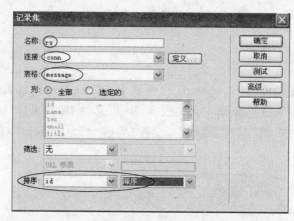

图　4.56

（2）将光标放置在表格 1 的第 1 行第 1 列单元格中的文字"标题："的后面，在"绑定"面板中展开记录集 rs，选中 title 字段，单击右下角的"插入"按钮，绑定字段，如图 4.57 所示。

图　4.57

（3）按照步骤（2）的方法，分别将 name、sex、email、content、time 字段绑定到相应的位置，如图 4.58 所示。

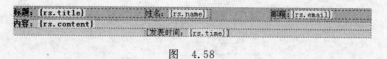

图　4.58

三、添加服务器行为

（1）选中表格 1，单击"服务器行为"面板中的"＋"按钮，在弹出的列表中执行"重复区域"命令，弹出"重复区域"对话框，在对话框的"记录集"下拉列表中选择 rs 选项，设置"显示"为"5 记录"，如图 4.59 所示。

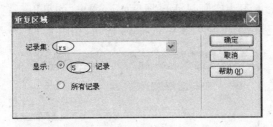

图 4.59

(2) 单击"确定"按钮,创建重复区域服务器行为。

(3) 将光标放置在表格 1 的下边,插入一个 1 行 1 列的表格,此表格记为表格 2,在"属性"面板中设置"对齐"为"居中对齐",在表格 2 中输入相应的文字,如图 4.60 所示。

图 4.60

(4) 选中文字"首页",单击"服务器行为"面板中的"＋"按钮,在弹出的列表中执行"记录集分页"下的"移至第一条记录"命令,弹出"移至第一条记录"对话框,在对话框的"记录集"下拉列表中选择 rs 选项,如图 4.61 所示。

图 4.61

(5) 单击"确定"按钮,创建移至第一条记录服务器行为,如图 4.62 所示。

图 4.62

(6) 按照步骤(4)和步骤(5)的方法,分别为文字"上一页"、"下一页"和"最后页"创建移至前一条记录、移至下一条记录和移至最后一条记录服务器行为,如图 4.63 所示。

图 4.63

(7) 选中文字"首页",单击"服务器行为"面板中的"＋"按钮,在弹出的列表中执行"显示区域"下的"如果记录集不为空则显示区域"命令,弹出"如果不是第一条记录则显示区域"对话框,在对话框的"记录集"下拉列表中选择 rs 选项,如图 4.64 所示。

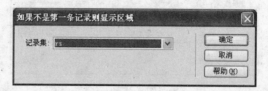

图　4.64

(8) 单击"确定"按钮,创建如果不是第一条记录则显示区域服务器行为,如图 4.65 所示。

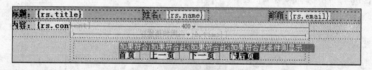

图　4.65

(9) 按照步骤(7)和步骤(8)的方法,分别为文字"上一页"、"下一页"和"最后页"创建移至后一条记录则显示区域、如果为第一条记录则显示区域和如果不是最后一条记录则显示区域服务器行为,如图 4.66 所示。

图　4.66

(10) 选中表格 1 和表格 2,单击"服务器行为"面板中的"＋"按钮,在弹出的列表中执行"显示区域"下的"如果记录集不为空则显示区域"命令,弹出"如果记录集不为空则显示区域"对话框,在对话框的"记录集"下拉列表中选择 rs 选项,如图 4.67 所示。

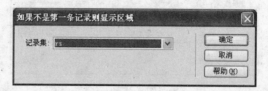

图　4.67

(11) 单击"确定"按钮,创建如果记录集不为空则显示区域服务器行为,如图 4.68 所示。

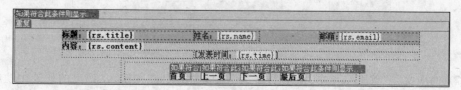

图　4.68

（12）将光标放置在表格2的下边，插入一个1行1列的表格，将此表格记为表格3，在"属性"面板中设置"对齐"为"居中对齐"，在表格中输入文字"目前还没有任何留言，请发表留言"，如图4.69所示。

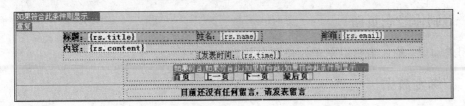

图 4.69

（13）选中文字"发表留言"，在"属性"面板的"链接"列表框中输入liuyanban.asp，如图4.70所示。

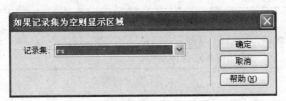

图 4.70

（14）选中表格3，单击"服务器行为"面板中的"＋"按钮，在弹出的列表中选择"显示区域"下的"如果记录集为空则显示区域"选项，弹出"如果记录集为空则显示区域"对话框，在对话框的"记录集"下拉列表中选择rs选项，如图4.71所示。

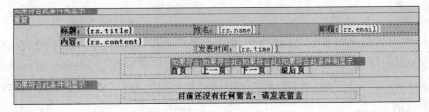

图 4.71

（15）单击"确定"按钮，创建服务器行为，如图4.72所示。

图 4.72

归纳提高

本任务制作了聊天室的一个主要页面 liulanliuy.asp，主要通过下面三个步骤来完成。

一、制作静态页面

相关知识：插入表格以及单元格的合并。

二、绑定数据

相关知识：绑定记录集中字段。

三、添加服务器行为

相关知识：添加重复区域、记录集分页和显示区域服务器行为。

其中添加记录集分页和显示区域服务器行为比较烦琐，但是难度都不大。

自主创新

在该页面中，只是显示了标题、姓名、邮箱、内容、发表时间几项内容，而对回复内容和恢复时间没有显示，请大家根据上面的学习，重新制作浏览留言页面，要求回复内容和回复时间同时显示。

评估

活动任务三评估表

活动任务三评估细则		自评	教师评
1	制作静态页面		
2	绑定数据		
3	添加服务器行为		
4	自行设置浏览页情况		
活动任务综合评估			

活动任务四　后台——留言管理列表页的制作

任务背景

对于一个留言板系统来说，注册会员都可以任意发表留言，对于一些不适合出现在网站上的留言，如发表的反动言论、不文明的言论等，管理员要能够删除，也就是管理员要对网站进行管理，对前台页面的数据进行维护，控制网站显示的内容，这就需要网站的后台。

任务分析

留言系统后台页面也是网页，它们之所以叫后台，是因为它们与数据库密切联系，方便修改数据库内的数据。后台主要包括留言管理列表页面、留言回复页面和留言删除页面，下面就先来具体讲述留言管理列表页面的制作。

任务实施

　　留言管理列表页中管理员可以回复留言，也可以删除留言，制作时主要利用创建记录集、绑定字段、转到详细页服务器行为、设置重复区域服务器行为，具体操作步骤如下。

一、创建记录集

　　（1）打开网页文档 liuyanban.asp，选中表单，按 Delete 键将其删除，再另存为 guanli.asp，将光标放置在页面中，单击"常用"工具栏中的"表格"按钮，插入一个 2 行 5 列的表格，选中该表格，在"属性"面板中，设置"表格 id"为 table1，"对齐"为"居中对齐"，如图 4.73 所示。

图　4.73

　　（2）选中表格 1 的第 1 行单元格，将"背景颜色"设置为♯66CCFF，在表格 1 相应的单元格中输入文字，设置为"粗体"，如图 4.74 所示。

图　4.74

　　（3）在"绑定"面板中单击"＋"按钮，在弹出的列表中执行"记录集（查询）"命令，弹出"记录集"对话框，在对话框的"名称"文本框中输入 rs，"连接"下拉列表中选择 conn 选项，"表格"下拉列表中选择 message 选项，"列"选项组选中"全部"单选按钮，"排序"下拉列表中选择 id 和"降序"选项，设置如图 4.75 所示。

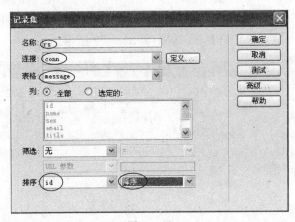

图　4.75

（4）单击"确定"按钮，创建记录集。

二、绑定字段

（1）将光标放置在表格 1 的第 2 行第 1 列单元格中，在"绑定"面板中展开记录集 rs，选中 name 字段，单击右下角的"插入"按钮，绑定字段，如图 4.76 所示。

图 4.76

（2）按照步骤（1）的方法，分别将 sex、email 和 content 字段绑定到相应的位置，如图 4.77 所示。

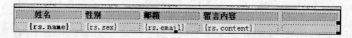

图 4.77

三、转到详细页服务器行为

（1）在第 2 行最后一个单元格中输入"回复/删除"，如图 4.78 所示。

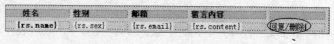

图 4.78

（2）选中文字"回复"，单击"服务器行为"面板中的"＋"按钮，在弹出的列表中执行"转到详细页面"命令，弹出"转到详细页面"对话框，在对话框的"详细信息页"文本框中输入 huifu.asp，"记录集"下拉列表中选择 rs 选项，如图 4.79 所示。

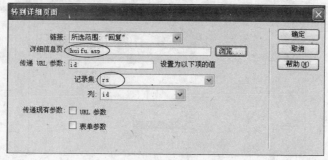

图 4.79

（3）单击"确定"按钮,创建转到详细页面服务器行为。

（4）选中文字"删除",单击"服务器行为"面板中的"＋"按钮,在弹出的列表中执行"转到详细页面"命令,弹出"转到详细页面"对话框,在对话框的"详细信息页"文本框中输入shanchu.asp,"记录集"下拉列表中选择 rs 选项,如图 4.80 所示。

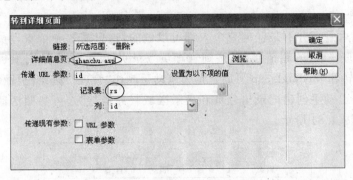

图　4.80

（5）单击"确定"按钮,创建转到详细页面服务器行为,如图 4.81 所示。

图　4.81

四、设置重复区域

（1）选中表格 1 的第 2 行单元格,单击"服务器行为"面板中的"＋"按钮,在弹出的列表中执行"重复区域"命令,弹出"重复区域"对话框,在对话框的"记录集"下拉列表中选择 rs 选项,在"显示"选项组选中"10 记录"单选按钮,如图 4.82 所示。

图　4.82

（2）单击"确定"按钮,创建重复区域服务器行为,如图 4.83 所示。

图　4.83

本任务涉及的知识点有创建记录集、绑定字段、转到详细页服务器行为、设置重复区域、

记录集分页和显示区域服务器行为,比较烦琐,需要大家多动手操作,熟能才生巧。

网站后台其实也是网页,它们之所以叫后台,是因为它们与数据库联系密切,更改修改数据库内的数据方便。

自主创新

(1) 对于后台管理并不是任何一个人都可以做的,这里需要一个管理员。在前台的首页上加一个"管理登录"的超链接,链接到管理员登录页面,制作方法同项目一中的会员登录,登录成功则转到 liuyangl. asp 页面。请大家动手制作"管理员登录"页面。

(2) 尝试自己动手创建记录集分页和显示区域服务器行为,可参照活动任务三。设置完成后,效果如图 4.84 所示。

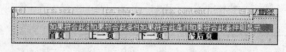

图 4.84

评估

活动任务四评估表

活动任务四评估细则		自评	教师评
1	创建记录集		
2	绑定字段		
3	转到详细页服务器行为		
4	设置重复区域		
5	创建记录集分页和显示区域服务器行为		
活动任务综合评估			

活动任务五　后台——留言回复页和留言删除页制作

任务背景

在前面的任务中已经制作好了留言管理列表页,如图 4.85 所示。并且为文字"回复/删

图 4.85

除"中的"回复"和"删除"分别设置了转到详细页面 huifu. asp 和 shanchu. asp。下面进行这两个页面的制作。

任务分析

留言回复页主要是利用插入表单对象、创建记录集和更新记录来完成的;留言删除页主要利用创建记录集和删除记录服务器行为来完成的。

任务实施

留言回复页的制作步骤如下。

(1) 打开网页文档 liuyanban. asp,将其另存为 huifu. asp。在"文件"面板中,双击 huifu. asp,打开页面。选中其中的表单,按 Delete 键将其删除,再单击"文件"菜单中的"另存为"选项将其保存为 huifu. asp。

(2) 将光标放置在 huifu. asp 页面中,单击"表单"工具栏中的"表单"按钮,插入一个表单。将光标定位在表单内,单击"常用"工具栏中的"表格"按钮,插入一个 3 行 2 列的表格,选中该表格,在"属性"面板中,将"表格 id"设置为 table1,"对齐"为"居中对齐",在表格中输入以下文字,如图 4.86 所示。

图　4.86

(3) 将光标放置在表格的第 2 行第 2 列单元格中,选择"表单"工具栏中的"文本区域"按钮,插入文本区域,在"属性"面板的"文本域"文本框中输入 content,设置"字符宽度"为 40,"行数"为 8,"类型"为"多行",如图 4.87 所示。

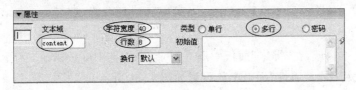

图　4.87

(4) 将光标放置在表格的第 3 行第 2 列单元格中,选择"表单"工具栏中的"按钮"按钮,分别插入"提交"按钮和"重置"按钮,如图 4.88 所示。

(5) 在"绑定"面板中单击"+"按钮,在弹出的列表中执行"记录集(查询)"命令,弹出"记录集"对话框,在对话框的"名称"文本框中输入 rs,"连接"下拉列表中选择 conn 选项,"表格"下拉列表中选择 message 选项,"列"选项组中选中"全部"单选按钮,"筛选"下拉列表中选择 g_id、=、URL 参数和 id 选项,如图 4.89 所示。

图 4.88

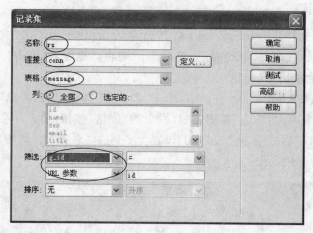

图 4.89

（6）单击"确定"按钮，创建记录集。

（7）将光标放置在第 1 行第 2 列单元格中，在"绑定"面板中展开记录集 rs，选中 content 字段，单击面板右下角的"插入"按钮，绑定字段，如图 4.90 所示。

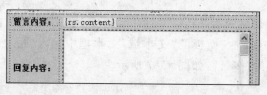

图 4.90

（8）选中文本区域，在"绑定"面板中展开记录集 rs，选中 r_content 字段，单击右下角的 "绑定"按钮，绑定字段，"属性"面板中的设置如图 4.91 所示。

图 4.91

（9）将光标放置在表单中，单击"表单"工具栏中的"隐藏域"按钮，在"属性"面板的"隐藏域名称"文本框中输入 r_time，"值"文本框中输入＜％＝now（）％＞，表示动态地插入当前时间,如图 4.92 所示。

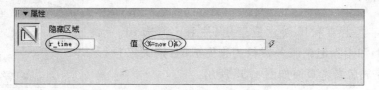

图　4.92

（10）单击"服务器行为"面板中的"＋"按钮,在弹出的列表中执行"更新记录"命令,弹出"更新记录"对话框,在对话框的"连接"下拉列表中选择 data 选项,"要更新的表格"下拉列表中选择 guestbook 选项,"选取记录自"下拉列表中选择 rs 选项,"唯一键列"下拉列表中选择 id 选项,"在更新后,转到"文本框中输入 guanli.asp,如图 4.93 所示。

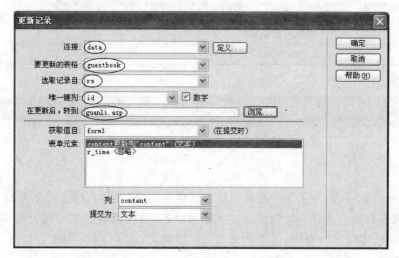

图　4.93

（11）单击"确定"按钮,创建更新记录服务器行为,如图 4.94 所示。

图　4.94

归纳提高

在留言回复页的制作中,主要是通过插入表单对象、插入表格、绑定数据、创建记录集和更新记录服务器行为来完成的。这里需要注意的是在表单中插入了一个隐藏域,隐藏域值的设置为＜％＝now()％＞,表示动态地插入当前时间。

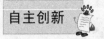

自主创新

留言删除页主要利用创建记录集（注意：筛选 id、=、URL 参数、id）和删除记录服务器行为来完成的，请大家自行设计完成。完成后参考页面如图 4.95 所示。

图　4.95

评估

活动任务五评估表

活动任务五评估细则		自评	教师评
1	留言回复页的制作		
2	绑定数据		
3	添加服务器行为		
4	留言删除页的制作		
活动任务综合评估			

项目实训　书店留言板制作

任务背景

现在的一些大书店，为了更好地适应广大读者的需要，常常在网上建立关于书店的留言板，用来记载用户或者读者的反馈信息。有显示留言、添加留言和删除留言等简单的功能，既能给读者和店主交流的空间，又能扩大书店的影响力。

任务分析

书店留言板主要包括以下 5 个文件。

Guest.mdb：数据库文件，用来存储留言信息。

Index.com：留言板首页，浏览留言页。

Add.asp：发表留言页面。

Huifu.asp：输入密码，可以回复留言。

Del.asp：输入密码，可以删除留言。

任务实施

根据下列步骤依次制作。

（1）数据库设计。

（2）站点建立和 IIS 配置。

（3）前台制作——浏览留言页和发表浏览页。

（4）管理员登录页制作——转到后台。

（5）后台制作——回复页和删除页。

评估

项目实训评估表

项目实训评估细则		自评	教师评
1	数据库设计		
2	站点建立和 IIS 配置		
3	前台制作——浏览留言页和发表浏览页		
4	管理员登录页制作——转到后台		
5	后台制作——回复页和删除页		
项目实训综合评估			

项目五

制作网上商店
——简单的"知书堂"网上书店

职业情景描述

　　网络实实在在地给我们带来了很多方便,色彩缤纷的网络世界无所不有。随着网上贸易的不断发展,网上书店这种新兴的商业形式开始悄悄兴起。当人们不用走出家门就能得到自己想要的书籍时,就已经体会到电子商务的优越性了。本项目要制作一个简单的"知书堂"网上书店,应用 ASP 技术和 Dreamweaver、Access 等应用软件,并基于 Web 来实现,包括商品的展示页面和商品详细介绍页面的制作等。

　　分析:

　　根据需求分析,下面列出本项目用到的相关文件。

　　Index. asp 页,该页就是该网上书店的首页。

　　Detail. asp 页,该页是详细介绍页,显示所查看项目的具体内容。

　　Gw. asp 页,该页是在线订单页面。

　　通过本项目的制作,将学习到以下内容。

- 建立网站的前期准备工作;
- 制作商品分类展示页面;
- 制作商品详细介绍页面;
- 制作在线订单页面。

活动任务一　前期准备工作

任务背景

　　看到很多的网上书店开得风生水起,小明不禁手痒,想要自己动手制作一个简单的网上书店——"知书堂"网上书店。

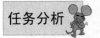任务分析

要制作一个简单的网上书店,首先有些前期工作需要完成。前期工作包括数据库设计和 IIS 配置,建立站点和数据库连接。网上书店要包括图书的各种信息,如表 5.1 所示,该表包括的信息有书籍名称、ISBN、作者、出版社等类别。

表 5.1　Books 表

字段名称	含　义	字段名称	含　义
id	自动编号	Price	价格
Bookname	书籍名称	content	内容简介
Isbn	书籍 ISBN	discount	折扣
Bookauthor	著译作者	Pic	缩略图片
Press	出版社	Pic1	大图
class	书籍类别	adddate	添加时间

下面来逐步完成这些工作。

任务实施

一、数据库设计

(1) 启动 Microsoft Access 2003,选择"文件"菜单,在下拉菜单中执行"新建"命令,调出"新建文件"任务窗格,如图 5.1 所示。

(2) 单击右侧任务窗格中的"空数据库"选项,出现如图 5.2 所示的"文件新建数据库"界面。

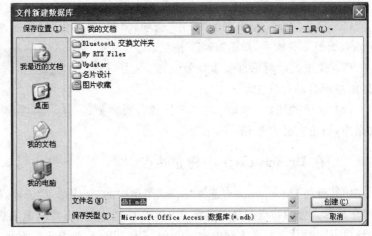

图　5.1　　　　　　　　　　　　　　　　图　5.2

(3) 在"保存位置"下拉列表中选择 F:\mysite\bookshop 文件夹,单击"新建文件夹"按钮,打开"新文件夹"对话框,输入 database,单击"确定"按钮,在"文件名"文本框中输入 bookshop,单击"创建"按钮,如图 5.3 所示。

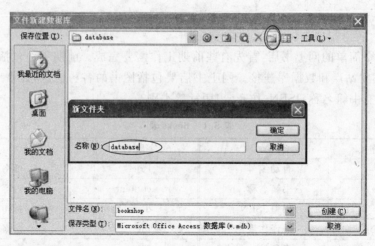

图 5.3

（4）双击"使用设计器创建表"选项，如图 5.4 所示。

（5）设置字段名称和数据类型，并且把 id 字段设置为主键，完成后表的结构如图 5.5 所示。

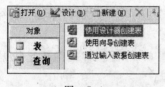

图 5.4

图 5.5

（6）单击"文件"菜单中的"保存"选项，出现"另存为"对话框，在"表名称"文本框中输入 books，如图 5.6 所示，单击"确定"按钮。

（7）弹出提示对话框要求设置主键，单击"是"按钮，由系统自动设置主键。

（8）这样就建好了"知书堂"网上书店所需要的数据库，单击"关闭"按钮，关闭该表。

图 5.6

二、在 Dreamweaver 中建立站点

（1）启动 Dreamweaver，选择"站点"菜单中的"新建站点"选项，打开站点定义向导对话框，在"您打算为您的站点起什么名字？"文本框中输入"知书堂网上书店"，在"您的站点的 HTTP 地址（URL）是什么？"文本框中输入 http://localhost，如图 5.7 所示，单击"下一步"按钮。

（2）在"您是否打算使用服务器技术……"下选择第二项"是，我想使用服务器技术。"，在"哪种服务器技术？"下拉列表中选择 ASP VBScript 选项，如图 5.8 所示，单击"下一步"按钮。

（3）在"在开发过程中，您打算如何使用您的文件？"下选择第一项"在本地进行编辑和测试（我的测试服务器是这台计算机）"，单击"您将把文件存储在计算机上的什么位置？"文本框后面的文件夹图标,选择 F:\mysite\bookshop\文件夹,如图 5.9 所示,单击"下一步"按钮。

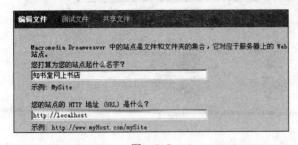

图 5.7   图 5.8

(4) 在"您应该使用什么 URL 来浏览站点的根目录?"文本框中输入 http://localhost/,如图 5.10 所示,单击"下一步"按钮。

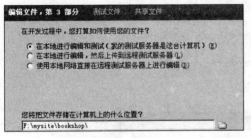

图 5.9   图 5.10

(5) 选中"否"单选按钮,单击"下一步"按钮,如图 5.11 所示。

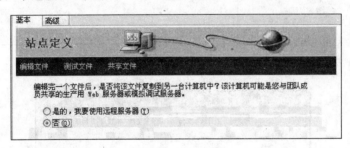

图 5.11

(6) 检查站点设置,单击"完成"按钮即可。

这样站点就设置好了。下面来进行 IIS 服务器的配置。

三、IIS 服务器的配置

(1) 单击"控制面板"中的"管理工具"选项,弹出"管理工具"窗口,因为已经安装了 IIS,所以在"管理工具"窗口中显示有"Internet 信息服务"图标,如图 5.12 所示。

(2) 双击"Internet 信息服务"图标,弹出"Internet 信息服务"窗口,如图 5.13 所示。

(3) 选定"默认网站"选项(如果没有显示"默认网站",则单击各文件夹前面的"+"按钮,将文件夹全部展开),右击,在快捷菜单中选择"属性"选项,打开"默认网站 属性"对话框,如图 5.14 所示。

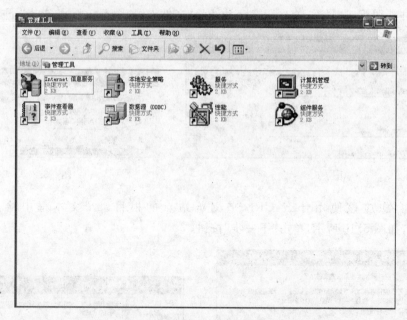

图 5.12

图 5.13

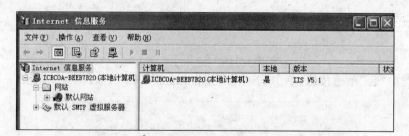

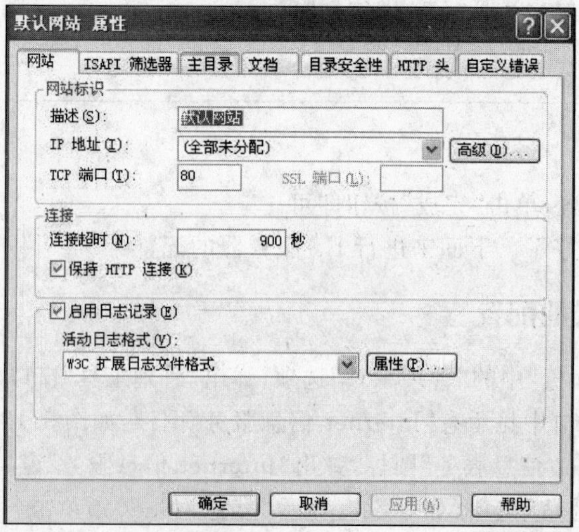

图 5.14

（4）单击"主目录"选项卡，"连接到资源时的内容来源"选项组中选择"此计算机上的目录"单选按钮；单击"本地路径"文本框后面的"浏览"按钮，设置路径为 F：\ mysite \ bookshop，选中下面的"读取"和"写入"复选框，如图 5.15 所示。

图　5.15

（5）单击"文档"选项卡，选中"启用默认文档"复选框，通过"添加"按钮、"删除"按钮和上下箭头调整文档顺序，设置默认文档类型。单击"确定"按钮就完成了网站的属性设置。通常情况下设置为 index. asp、index. htm、Default. asp、Default. htm，如图 5.16 所示。

图　5.16

这样 IIS 服务器就配置好了。

四、Dreamweaver 和数据库连接

（1）启动 Dreamweaver，新建一个 ASP VBScript 空白文档，如图 5.17 所示，在右侧的"文件"面板中可以看到 database 目录下的 bookshop. mdb 数据库，现在将 Dreamweaver 和数据库连接起来。

（2）打开"应用程序"卷展栏中的"数据库"面板，单击"＋"按钮，在下拉列表中，有两种建立数据库连接的方法，如图 5.18 所示，这里选择第一种"自定义连接字符串"。

图　5.17

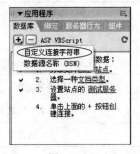

图　5.18

（3）打开"自定义连接字符串"对话框，在"连接名称"文本框中输入 conn；在"连接字符串"文本框中输入："Driver＝{Microsoft Access Driver（＊.mdb)}；Uid＝;Pwd＝;DBQ＝" & Server.Mappath("/database/bookshop.mdb")，然后选中"使用测试服务器上的驱动程序"单选按钮，如图 5.19 所示，单击"测试"按钮，看是否测试成功。

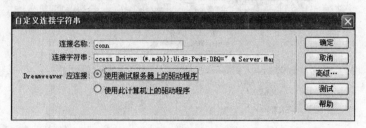

图　5.19

（4）如果测试成功，则弹出"成功创建连接脚本"界面。

本任务根据网上书店的功能分析，设计建立数据库。主要完成了下述工作。

（1）建立数据库。

（2）在 Dreamweaver 中建立站点。

（3）IIS 服务器的配置。

（4）Dreamweaver 和数据库连接。

这些都是建立动态网站的基础，大家应该很熟悉了。其中，在数据库连接的时候，有两种方式，一种是 DSN 连接，一种是自定义连接字符串，有人要问，这两种连接有什么区别呢？区别是：DSN 连接是系统上的连接和本机连接，一般在本地测试时用；如果要将网站上传到网上服务器，则需要使用自定义连接字符串了。

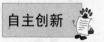

在设计网上书店数据库时，设计的数据表 bookshop 中的字段不全面，很多方面没有包括，请大家尝试自己设计一个比较适用的数据库。

活动任务一评估表

	活动任务一评估细则	自评	教师评
1	建立数据库		
2	在 Dreamweaver 中建立站点		
3	IIS 服务器的配置		
4	Dreamweaver 和数据库连接		
	活动任务综合评估		

活动任务二　首页的制作

任务背景

一般的网上书店,首页都要分类展示本站的书籍,"知书堂"也不会例外。

任务分析

制作网上书店的前期准备工作已经完成,下面需要进行首页 index. asp 的动态内容制作。首页的静态部分已经完成,这里不多做介绍。首页 index. asp,包括"大众书籍"、"专业书籍"和"最新图书"动态栏目。

任务实施

一、"大众书籍"动态栏目制作

(1) 在"文件"面板中打开未完成的首页 index. asp,如图 5.20 所示。

图　5.20

(2) 定义记录集。切换到"绑定"面板,在面板中单击"＋"按钮,在弹出的列表中执行"记录集(查询)"命令,弹出"记录集"对话框,在对话框的"名称"文本框中输入 rs1,"连接"下拉列表中选择 conn 选项,"表格"下拉列表中选择 book 选项,"列"列表框中选择 id、Bookname、Price、discount、Pic 字段,筛选 class 值为 1 的记录,"排序"下拉列表中选择 adddate 和"降序"选项,设置成按新书发布日期的降序显示,如图 5.21 所示,单击"确定"按钮,创建记录集。

(3) 绑定数据。

① 在相应位置插入一个 3 行 1 列的表格,在第 3 行单元格中输入"价格：￥"和"折扣：",如图 5.22 所示。

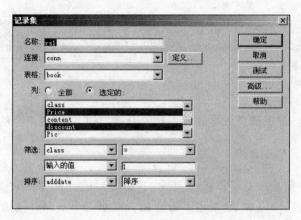

图 5.21

② 选中第一个单元格,切换到"绑定"面板,把记录集 rs1 展开,选择 Bookname 字段,单击"插入"按钮,将 Bookname 字段绑定到相应单元格中,如图 5.23 所示。

图 5.22

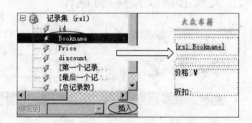

图 5.23

③ 按照步骤②的方法,分别将 Price、discount 字段绑定到相应的位置,如图 5.24 所示。

④ 下面进行图片的绑定。为了方便,先在第 2 行单元格中插入一张需要的图片,如图 5.25 所示。

⑤ 选中插入的图片,单击"属性"面板中"源文件"文本框后的"浏览文件"按钮,如图 5.26 所示。

图 5.24

图 5.25

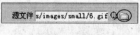

图 5.26

⑥ 在弹出的"选择图像源文件"对话框中,在"选取文件名自"选项组选中"数据源"单选按钮,转换到从数据源选择图片源的模式。先把 URL 文本框中的内容剪切,然后单击 Pic 字段,再把刚才的内容粘贴回来,修改后的界面如图 5.27 所示,单击"确定"按钮,数据绑定就完成了。

⑦ 设置横向重复区域服务器行为。要显示 5 条这样的信息,就需要为该动态数据添加

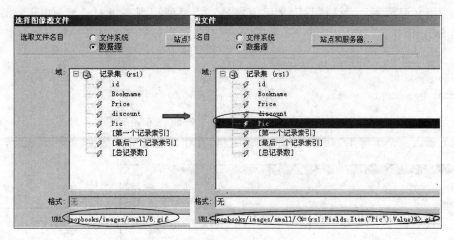

图 5.27

重复区域服务器行为。选中表格(注意:此处应该选中表格而不是单元格),切换到"服务器行为"面板,单击"＋"按钮,在弹出的列表中执行"重复区域"命令,弹出"重复区域"对话框,设置如图5.28所示。

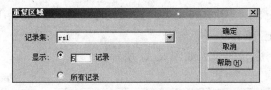

图 5.28

⑧ 最后为动态数据添加详细页服务器行为,选中{rs1.Bookname}动态数据,切换到"服务器行为"面板,单击"＋"按钮,在下拉列表中选择"转到详细页面"选项,打开"转到详细页面"对话框,设置如图5.29所示,单击"确定"按钮,这样"大众书籍"栏目就完成了。

二、"专业书籍"动态栏目制作

步骤和"大众书籍"动态栏目相同,因为书籍的分类不同,所以对于"专业书籍"动态栏目的记录集,要筛选的是class值为2的记录。

三、最新图书

页面最右边的部分就是该栏目的内容,如图5.30所示,设计该动态内容的步骤如下。

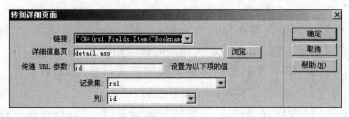

图 5.29

图 5.30

（1）定义记录集。为该栏目定义记录集 rs2，需要使用到高级对话框，如图 5.31 所示，使用的 SQL 语句：

```
Select top 6 id, price, bookname
From book
Order by adddate desc
```

提示：SQL 语句的目的是取出表 book 中排序好的前 6 条记录。

（2）插入一个 1 行 1 列的表格，选中该表格，在相应位置绑定数据，如图 5.32 所示。

图　5.31　　　　　　　　　　　　　　　　　　　图　5.32

（3）添加重复区域服务器行为。

（4）选中该动态数据，为其添加"转到详细页面"服务器行为，如图 5.33 所示。在"转到详细页面"对话框的"记录集"下拉列表中设置"记录集"为 rs2，id 字段作为向 detail.asp 页传递的参数，单击"确定"按钮。

（5）"最新图书"完成后的效果如图 5.34 所示。

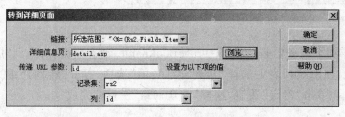

图　5.33　　　　　　　　　　　　　　　　　　　图　5.34

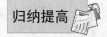

本任务为首页 index.asp 添加了"大众书籍"、"专业书籍"和"最新图书"动态栏目。主要完成了下述工作。

（1）定义记录集。注意高级记录集对话框的使用，在"记录集"对话框的右边，"简单"和"高级"按钮可以互相切换。

（2）绑定数据。在本任务中，第一次涉及动态图片的绑定，大家一定要着重练习，在数据库中，对于图片数据，一般存储其路径，它们的绑定方式和其他数据相同。

（3）设置"重复区域"服务器行为。第一次涉及横向重复区域服务器行为，如果要进一步完善这个工作，使重复区域的内容分行显示，则需要添加相应的代码。

（4）添加"转到详细页面"服务器行为。在添加转到详细页面服务器行为时，首先要选定相应的动态数据。

自主创新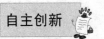

设置滚动新闻内容为动态内容。

在首页的公告栏中显示的是滚动新闻,新闻滚动属于静态页面的内容,现在尝试把滚动的新闻内容设置成动态数据,使之显示的总是最新的内容。

注意:新闻内容是否设置成动态的,与该部分新闻是否滚动无关。

评估

活动任务二评估表

	活动任务二评估细则	自评	教师评
1	定义记录集(简单和高级记录集对话框)		
2	绑定数据(重点是动态图片的绑定)		
3	设置重复区域服务器行为		
4	添加转到详细页面服务器行为		
5	添加动态滚动新闻		
	活动任务综合评估		

活动任务三　详细页面和在线订单制作

任务背景

在首页中,如果单击动态栏目中某一个商品的链接,就会转到详细页面,该页面主要显示新书的详细信息,用户可以仔细查看,若决定要购买,就单击"放入购物车"按钮。

任务分析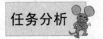

要完成该页需要设置新书详细信息的动态内容,常规做法是首先建立记录集,再绑定数据,最后设置图片链接。

任务实施

(1) 打开该页的初始文件 detail.asp,插入一个 11 行 3 列的表格,合并相应单元格,合并后结果如图 5.35 所示。

(2) 建立记录集。

① 切换到"绑定"面板,在面板中单击"＋"按钮,在弹出的列表中执行"记录集(查询)"命令,弹出"记录集"对话框,单击右边的"高级"按钮,打开"高级记录集"对话框。在对话框的"名称"文本框中输入 rs,"连接"下拉列表中选择 conn 选项,"表格"下拉列表中选择 book 选项,然后在 SQL 文本域中输入语句,如图 5.36 所示。

注意:上面的语句 SQL 中用到了 Where 子句,语句中用到变量 strid,需要进行定义并赋初值。

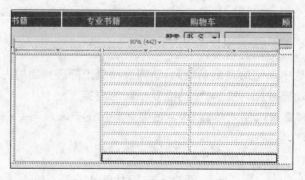

图 5.35

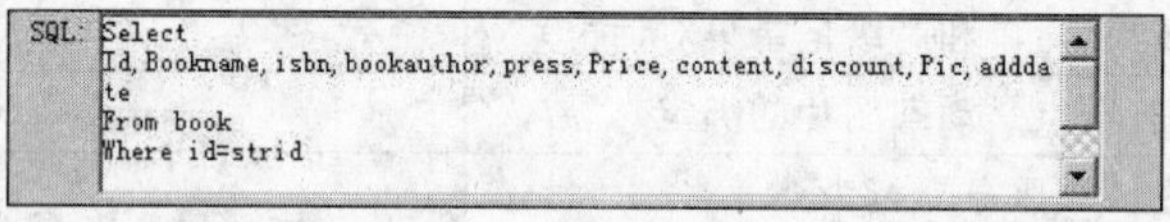

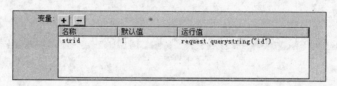

图 5.36

② 在"变量"处单击"＋"按钮添加变量并赋值,单击"名称",输入 strid;单击"运行值",输入 request. querystring("id"),如图 5.37 所示。

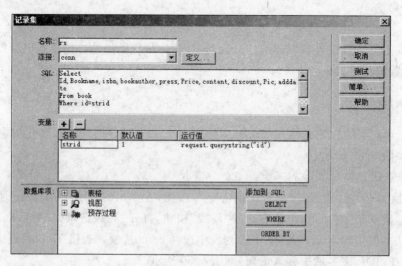

图 5.37

③ "记录集"对话框设置完成后的结果如图 5.38 所示,单击"确定"按钮,这样记录集 rs 就建立好了。

图 5.38

（3）数据绑定。

① 选中第一个单元格，输入"名称："，切换到"绑定"面板，把记录集 rs 展开，选择 Bookname 字段，单击"插入"按钮，将 Bookname 字段绑定到单元格中，如图 5.39 所示。

② 按照步骤①的方法，分别将 Id、isbn、bookauthor、press、Price、discount、pic、adddate 字段绑定到相应的位置，如图 5.40 所示。

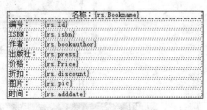

图 5.39

图 5.40

注意：需要绑定的内容比较多，小心不要绑错。

③ 下面进行图片的绑定。为了方便，先在第 1 列单元格中插入需要的图片，选中该图片，单击"属性"面板中"源文件"文本框后的"浏览文件"按钮，在弹出的"选择图像源文件"对话框中，在"选取文件名自"选项组中选中"数据源"单选按钮，转换到从数据源选择图片源的模式。先把 URL 文本框中的内容剪切，然后单击 Pic 字段，再把刚才的内容粘贴回来，修改后的界面如图 5.41 所示。

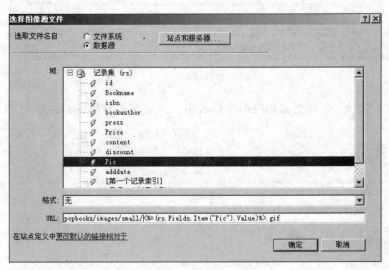

图 5.41

④ 单击"确定"按钮，数据绑定就完成了，如图 5.42 所示。

（4）在最后一个单元格中插入图片"准备购买"，在"属性"面板中单击"链接"文本框后的"浏览文件"按钮，打开链接到 gw.asp，在 URL 文本框中输入 gw.asp? id＝<％＝rs. fields.item("id").value％＞，如图 5.43 所示。单击"确定"按钮，图片"准备购买"的超链接就设计好了。

（5）在线订单页面 gw.asp 制作。要在线订购商品，则必须注册会员。

本栏目为静态页面，是一个在线表单提交页面，注册会员登录后可以在线填写表单，单

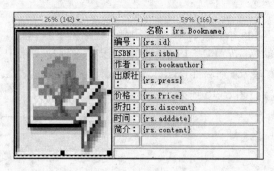

图 5.42

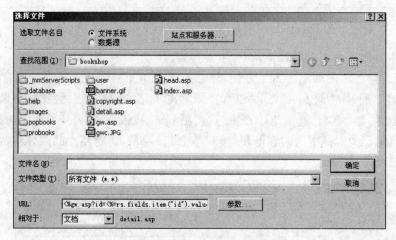

图 5.43

击"放入购物车"按钮,则提交到相应的数据表中。该页面的制作可参照图 5.44 所示。

	商品名称	市场价	会员价	折扣	数量	积分	小计
C-084		278元	70元	25%	1	1分	70元
你是 普通会员	费用总计:70 元,获得积分:1 分						
		下一步		放入购物车			

图 5.44

归纳提高

本任务制作详细页面 detail. asp,主要完成了下述工作。

(1) 插入表格并设置。这一内容比较简单,这里不多说了。

(2) 定义记录集。注意 SELECT 语句的使用,SELECT 语句最简化的语法为:

```
SELECT fields FROM table
```

可以通过星号(∗)来选择表中所有的字段,SELECT 语句不会更改数据库中的数据。

(3) 绑定数据。

(4) 为图片"准备购买"设置超链接。传递参数 id 到 gw. asp。

(5) 在线订单页面 gw. asp 制作。

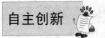

自主创新

（1）在线订单 gw.asp 页面中，要提交订购的商品，需要有相应的数据表接收这些数据，在设计数据库时，这个表并没有创建，请大家根据需要，尝试建立该表。

（2）在线订单 gw.asp 页面制作完成后，还需要制作相应的购物车页面，在该页面中，应该实现商品的添加和删除功能，结合前面学习过的知识，请大家尝试制作。

评估

活动任务三评估表

活动任务三评估细则		自评	教师评
1	插入表格并设置		
2	定义记录集		
3	绑定数据		
4	为图片设置超链接，传递参数		
5	在线订单制作		
活动任务综合评估			

项目实训　"知书堂"网上书店制作

任务背景

现在越来越多的人喜欢网上购物，这样不但可以节省时间，而且可以更方便地对要选购的商品进行多方面的比较，因为这种需求，网上商店正以人们无法想象的速度在全球范围内飞速发展。从 1997 年杭州新华书店创办我国第一家网上书店以来，短短几年国内网上书店如雨后春笋在各地建立。网上书店吸引了越来越多读者的注意。"知书堂"书店顺应时代需要，充分利用现代化的营销手段，也要建立自己的网上书店，扩大自己的知名度，同时提高了商业利润。

任务分析

在网上书店进行购物的流程是：登录书店—挑选图书—单击进入图书详情页，查看图书参数及相关介绍—单击"准备购买"按钮下订单—在订单页中单击"购买"按钮，选择购买该图书—要购买图书，必须先注册为会员，所以需要登录注册模块。根据流程分析，该网上书店的数据库至少需要如下两个数据表。

（1）book 表，表中的字段以及数据类型如图 5.45 所示。

（2）user 表，表中的字段以及数据类型如图 5.46 所示。

该网上书店需要的页面有：

① 首页；

② 详细页面；

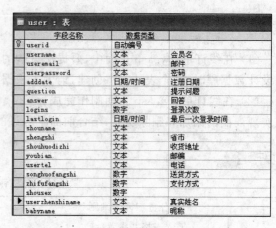

book：表

字段名称	数据类型	
id	自动编号	
Bookname	文本	书籍名称
Bookauthor	文本	作者
Isbn	文本	ISBN
Press	文本	出版社
class	文本	分类
Price	数字	价格
content	备注	简介
discount	数字	打折
Pic	文本	缩略图片
Pic1	文本	大图
adddate	日期/时间	添加时间

图 5.45

user：表

字段名称	数据类型	
userid	自动编号	
username	文本	会员名
useremail	文本	邮件
userpassword	文本	密码
adddate	日期/时间	注册日期
question	文本	提示问题
answer	文本	回答
logins	数字	登录次数
lastlogin	日期/时间	最后一次登录时间
shouname	文本	
shengshi	文本	省市
shouhuodizhi	文本	收货地址
youbian	文本	邮编
usertel	文本	电话
songhuofangshi	数字	送货方式
zhifufangshi	数字	支付方式
shousex	数字	
userzhenshiname	文本	真实姓名
babyname	文本	昵称

图 5.46

③ 订单页面；

④ 购物车；

⑤ 注册登录模块。

任务实施

一、实验步骤

(1) 前期准备工作：数据库设计、站点建立、IIS配置。

(2) 首页的制作。

(3) 详细页面制作。

(4) 订单页面，因为只有注册用户才可以购物，所以需要添加"限制对页的访问"。

(5) 购物车制作。

(6) 注册登录模块，注册分2步走，先同意条款，再进行注册，如图5.47和图5.48所示。

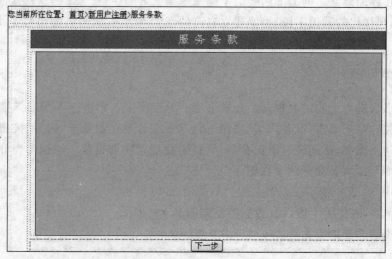

图 5.47

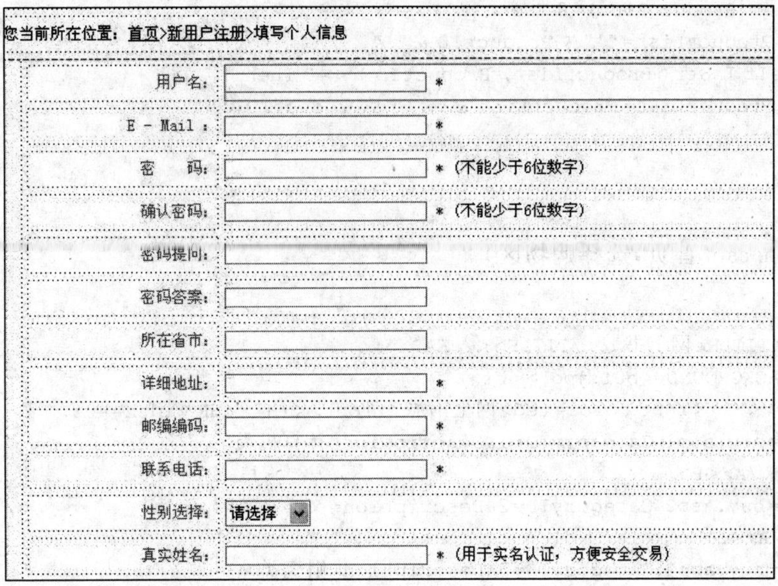

图 5.48

二、代码体验

下面给出一个简单的网上书店的代码，请大家分析调试。

（1）数据库结构

数据库 shopbag.mdb，包括下面两个表。

① buyiformation 表。存储客户信息，字段如下：

Name，Tel，Address，ProductID，Quality，Sum

② Products 表。存储商品信息，字段如下：

CategoryID（商品分类号），productid，productname，descrition，ischeck（用户是否选这一商品），price（单价）

（2）util.asp（一个工具文件）

```
<%
Sub ListCategory( conn )
    Set rs=conn.Execute( "Category" )
    While Not rs.EOF
%>
<A HREF= buy.asp? CategoryID=<% = rs ("CategoryID")% > &Description=<% = Server.
URLEncode(rs("Description"))%>>
<%=rs("Description")%>
</A>
<%
        rs.MoveNext
    Wend
End Sub

Sub PutToShopBag( ProductID, ProductList )
```

```
    If Len(ProductList)=0 Then
        ProductList="'" & ProductID & "'"
    ElseIf InStr( ProductList, ProductID ) <=0 Then
        ProductList=ProductList & ", '" & ProductID & "'"
    End If
End Sub
%>
```

(3) main. asp(首页,选择购物区)

```
<HTML>
<HEAD><TITLE>网上书城</TITLE></HEAD>
<BODY BACKGROUND="b01.jpg"><br>
<center><H1><font color=red>网上书城</font></H1><HR width=40%>
<A HREF=buy.asp? CategoryID=1&Description=计算机类>
计算机类</A><P>
<A HREF=buy.asp? CategoryID=2&Description=文学类>
文学类</A><P>
<A HREF=buy.asp? CategoryID=3&Description=财经类>
财经类</A><P>
<HR width=40%>
</BODY>
</HTML>
```

设计视图如图 5.49 所示。

图　5.49

(4) buy. asp(显示商品和用户购物)

```
<!--#include file="Util.asp"-->
<%
DbPath=SERVER.MapPath("ShopBag.mdb")
Set conn=Server.CreateObject("ADODB.Connection")
conn.open "driver={Microsoft Access Driver (*.mdb)};dbq=" & DbPath
CategoryID=Request("CategoryID")
Description=Request("Description")
Head="会文书城[" & Description & "] 区"
sql="Select * From Products Where CategoryID=" & CategoryID
sql=sql & " Order By ProductID"
Set rs=conn.Execute( sql )
%>
```

```
<HTML>
<HEAD><TITLE><%=Head%></TITLE></HEAD>
<BODY BACKGROUND="b01.jpg">
<font color=blue><H2 ALIGN=CENTER><%=Head%></H2></font>
<CENTER>
<Form Action=Add.asp Method=POST>
<TABLE Border=1>
<TR BGCOLOR=#00FFFF>
<TD>挑选</TD><TD>书刊编号</TD><TD>书刊名称</TD><TD>价格</TD><TD>书刊简介
</TD></TR>
<%
    While Not rs.EOF
      IsCheck=""
      If InStr(Session("ProductList"), rs("ProductID")) >0 Then
          IsCheck="Checked"
      End If
%>
<TR>
<TD Align=Center>
<Input Type=CheckBox Name="ProductID" Value="<%=rs("ProductID")%>" <%=
IsCheck%>>
</TD>

<TD><%=rs("ProductID")%></TD>
<TD><%=rs("ProductName")%></TD>
<TD Align=Right><%=rs("Price")%></TD>
<TD><A HREF=<%=rs("Link")%>><%=rs("Description")%></A></TD>
</TR>
<%
        rs.MoveNext
    Wend
%>
</TABLE>
<Input Type=Submit Value="放入购物车">
</Form>
<HR width=70%>
<A HREF=Check.asp>查看购物车</A>
<A HREF=Clear.asp>退回所有物品</A><P>
<%ListCategory conn%>
</CENTER>
</BODY>
</HTML>
```

（5）check.asp（用户查看所购物品）

```
<!--#include file="Util.asp"-->
<%
Head="以下是您所选购的物品清单"
ProductList=Session("ProductList")
If Len(ProductList)=0 Then Response.Redirect "Nothing.asp"
DbPath=SERVER.MapPath("ShopBag.mdb")
```

```
Set conn=Server.CreateObject("ADODB.Connection")
conn.open "driver={Microsoft Access Driver (*.mdb)};dbq=" & DbPath
If Request("MySelf")="Yes" Then
    ProductList=""
    Products=Split(Request("ProductID"), ", ")
    For I=0 To UBound(Products)
        PutToShopBag Products(I), ProductList
    Next
    Session("ProductList")=ProductList
    Session("First")="no"
End If
sql="Select * From Products"
sql=sql & " Where ProductID In (" & ProductList & ")"
sql=sql & " Order By ProductID"
Set rs=conn.Execute( sql )
%>


<HTML>
<HEAD><TITLE><%=Head%></TITLE></HEAD>
<BODY BACKGROUND="b01.jpg">
<H2 ALIGN=CENTER><%=Head%></H2>
<CENTER>
<Form Action=Check.asp Method=POST>
<Input Type=Hidden Name=MySelf Value=Yes>
<TABLE Border=1>
<TR BGCOLOR=#00FFFF>
<TD>取消</TD><TD>书刊编号</TD><TD>书刊名称</TD><TD>单价</TD><TD>数量</TD>
<TD>总价</TD><TD>商品简介</TD></TR>
<%
    Sum=0
    C_ProductID=""
    C_Quatity=""
    While Not rs.EOF
    if Session("First")="yes" then
      Quatity=1
    else
    Quatity=CInt( Request( "Q_" & rs("ProductID")) )
    If Quatity <=0 Then
        Quatity=CInt( Session(rs("ProductID")) )
        If Quatity<=0 Then Quatity=1
    End If
    end if
    Session(rs("ProductID"))=Quatity
    Sum=Sum+CDbl(rs("Price")) * Quatity
        If Len(C_ProductID)=0 Then
      C_ProductID="" & rs("ProductID") & ""
      C_ProductName="" & rs("ProductName") & ""
      C_Quatity="" & Quatity & ""
    Else
      C_ProductID=C_ProductID & "/" & rs("ProductID") & ""
      C_ProductName=C_ProductName & "/" & rs("ProductName") & ""
```

```
        C_Quatity=C_Quatity & "/" & Quatity & ""
    End If
%>
<TR>
<TD Align=Center>
<Input Type=CheckBox Name="ProductID" Value="<%=rs("ProductID")%>" Checked>
</TD>

<TD><%=rs("ProductID")%></TD>
<TD><%=rs("ProductName")%></TD>
<TD Align=Right><%=rs("Price")%></TD>
<TD><Input Type=Text Name="<%="Q_" & rs("ProductID")%>" Value=<%=Quatity%>
Size=3></TD>
<TD Align=Right><%=CDbl(rs("Price")) * Quatity%></TD>
<TD><A HREF=<%=rs("Link")%>><%=rs("Description")%></A></TD>
</TR>
<%
        rs.MoveNext
    Wend
%>
<TR><TD Align=Right ColSpan=7><Font Color=Red>总价格=<%=Sum%></Font></TD>
</TR>
</TABLE>
<Input Type=Submit Value=" 更改数量 ">
</Form>
<HR width=80%>
<A HREF=Clear.asp>退回所有物品</A><P>
<%ListCategory conn%>
<HR width=80%>
<h2>顾客信息</h2>
<form action=BuyFinish.asp Method=POST>
姓名:<input Type=text name=Customer_N Value=""><br>
电话:<input Type=text name=Customer_T Value=""><br>
住址:<input Type=text name=Customer_A Value=""><br>
<Input Type=hidden Name=Customer_P Value="<%=C_ProductID%>">
<Input Type=hidden Name=Customer_PN Value="<%=C_ProductName%>">
<Input Type=hidden Name=Customer_Q Value="<%=C_Quatity%>">
<Input Type=hidden Name=Customer_S Value="<%=Sum%>">
<Input Type=Submit Value=" 提交,完成一次购物。">
</form><HR width=80%>
</CENTER>

</BODY>
</HTML>
```

(6) add.asp(用户更改所选物品种类与数量)

```
<!--#include file="Util.asp"-->
<%
Head="您所选购的物品已放入购物车!"
DbPath=SERVER.MapPath("ShopBag.mdb")
```

```
Set conn=Server.CreateObject("ADODB.Connection")
conn.open "driver={Microsoft Access Driver (*.mdb)};dbq=" & DbPath
ProductList=Session("ProductList")
Products=Split(Request("ProductID"), ",")
For I=0 To UBound(Products)
    PutToShopBag Products(I), ProductList
Next
Session("ProductList")=ProductList
%>
<HTML>
<HEAD><TITLE><%=Head%></TITLE></HEAD>
<BODY BACKGROUND="b01.jpg">
<H2 ALIGN=CENTER><%=Head%><HR></H2>
<CENTER>
<A HREF=Check.asp>查看购物车</A>
<A HREF=Clear.asp>退回所有物品</A><P>
<%ListCategory conn%>
</CENTER>
</BODY>
</HTML>
```

(7) nothing.asp(处理用户查看但还没有购物的情况)

```
<!--#include file="Util.asp"-->
<%
Head="您尚未选购任何物品！"
DbPath=SERVER.MapPath("ShopBag.mdb")
Set conn=Server.CreateObject("ADODB.Connection")
conn.open "driver={Microsoft Access Driver (*.mdb)};dbq=" & DbPath
%>
<HTML>
<HEAD><TITLE><%=Head%></TITLE></HEAD>
<BODY BACKGROUND="b01.jpg">
<H2 ALIGN=CENTER><%=Head%><HR></H2>
<CENTER>
<%ListCategory conn%>
</CENTER>
</BODY>
</HTML>
```

(8) clear.asp(清空所购全部物品)

```
<!--#include file="Util.asp"-->
<%
Head="您放入购物车的物品已全数退回！"
DbPath=SERVER.MapPath("ShopBag.mdb")
Set conn=Server.CreateObject("ADODB.Connection")
conn.open "driver={Microsoft Access Driver (*.mdb)};dbq=" & DbPath
Session("ProductList")=""
Session("First")="yes"
%>
<HTML>
```

```
<HEAD><TITLE><%=Head%></TITLE></HEAD>
<BODY BACKGROUND="b01.jpg">
<H2 ALIGN=CENTER><%=Head%><HR></H2>
<CENTER>
<A HREF=Check.asp>查看购物车</A><A HREF=Clear.asp>退回所有物品</A><P>
<%ListCategory conn%>
</CENTER>
</BODY>
</HTML>
```

(9) buyfinish.asp(完成一次交易,记录客户信息)

```
< !--#include file="Util.asp"-->
<%
Name=Request("Customer_N")
Tel=Request("Customer_T")
Address=Request("Customer_A")
ProductID=Request("Customer_P")
ProductName=Request("Customer_PN")
Quatity=Request("Customer_Q")
Sum=Request("Customer_S")
Session("ProductList")=""
%>
<HEAD><META HTTP-EQUIV="REFRESH" CONTENT="30; URL=main.asp"></HEAD>
<body background=B01.jpg>
<%=sql%><br>
<center><h2><font color=blue>顾客购物信息:</h2></font>
<table width=50%border=1><tr><td>
姓名:<%=Name%><br>
电话:<%=Tel%><br>
住址:<%=Address%><br>
<%Products=Split(ProductID, "/")
  ProductNames=Split(ProductName, "/")
  Quatities=Split(Quatity,"/")%>
  书刊编号__书刊名称 (数量)<br>
  <%For I=0 To UBound(Products)%>
  <%=Products(i)%>__<%=ProductNames(i)%>(<%=Quatities(i)%>)<br>
<%next%>
书刊总价:<%=Sum%><br>
</td></tr></table>
上述购物清单已提交服务台办理。多谢惠顾!
<hr width=80%>
<a href=main.asp>返回</a>
</body>
<%
sql="Insert into BuyInfomation (Name,Tel,Address,ProductID,Quatity,Sum) "
sql=sql & " Values ( '"+Name+"','"+Tel+"','"+Address+"','"+ProductID+"','"+
Quatity+"','"+Sum+"')"
DbPath=SERVER.MapPath("ShopBag.mdb")
Set conn=Server.CreateObject("ADODB.Connection")
conn.open "driver={Microsoft Access Driver (* .mdb)};dbq=" & DbPath
```

```
Set rs=conn.Execute( sql )
Set conn=nothing
%>
```

项目实训评估表

	项目实训评估细则	自评	教师评
1	数据库设计、站点建立、IIS 配置		
2	首页的制作		
3	详细页面制作		
4	订单页面		
5	注册登录模块		
6	代码体验,感知网上购物流程		
项目实训综合评估			